Jack Ma
Business Intelligence Course

哪里有抱怨
哪里就有机会

马云给年轻人的
⑭堂创业智慧课

20余载创业人生，50多年风雨兼程。

他的商业灵感来自哪里？他的团队建设有什么法则？
体悟马云的经营之道，吸收马云的成功智慧！

李嘉◎著

团结出版社

图书在版编目（CIP）数据

哪里有抱怨哪里就有机会：马云给年轻人的14堂创业智慧课／李嘉著. —
北京：团结出版社，2014.5（2018.6重印）

ISBN 978-7-5126-1556-4

I.①哪…　II.①李…　III.①成功心理－青年读物　IV.①B848.4-49

中国版本图书馆CIP数据核字（2014）第065730号

出　版：团结出版社

　　　　（北京市东城区东皇城根南街84号　邮编：100006）

电　话：（010）65228880　65244790（出版社）

网　址：www.tjpress.com

E-mail：65244790@163.com

经　销：全国新华书店

印　装：北京中振源印务有限公司

开　本：170毫米×240毫米　1/16开

印　张：16

字　数：330千字

版　次：2014年7月　第1版

印　次：2018年6月　第8次印刷

书　号：978-7-5126-1556-4/B.222

定　价：35.00元

（如果有印装差错，请与本社联系）

美国亚洲商业协会主席 大卫·本田：

马云以他的远见和努力，不仅在很短的时间内使阿里巴巴成为一家成功的国际性公司，而且帮助许多亚洲企业走上全球化之路。

"联想教父"柳传志：

我对马云有四点很佩服，第一是对他于阿里巴巴业务的战略布局；第二是他这个网络服务企业对于文化的深刻重视；第三是他的谈吐；第四就是我在报纸上看到了他把这么多的股份留给了他的同伴分享，他自己只得了5%。这个胸襟，这个志向，我都觉得了不得。

著名经济学家、北大光华管理学院副院长 张维迎：

他创造电子商务新模式，用电子商务整合传统产业，推动商业信用的建立。

中央电视台《赢在中国》、浙江卫视《赢在蓝天碧水间》总制片人 王利芬：

在马云身上，有一点是一般人做不到的，那就是他没有一点虚荣心，他不怕没面子，能十分坦然地面对自己不太成功的过去，连自己的长相也在他自嘲之列。我很难想象什么人能将马云忽悠起来，也很难想象什么人能把马云的自信打下去让他自卑。因为他内在力量很强大，他不需要技巧。他活得轰轰烈烈、活得坦坦荡荡、活得真实自然。

原《中国企业家》杂志社社长 刘东华：

就像比尔·盖茨已经成为人类创造互联网的杰出代表一样，马云必将成为人类利用互联网络的杰出代表。而且，阿里巴巴是中国唯一可能与微软、GE、沃尔玛匹敌的企业。

百度董事长兼首席执行官 李彦宏：

我跟马云交流的机会比较多，他一直就讲，他是教师出身，所以比较适合做老板，教人怎么做，之所以他能退休是因为他能教出很多能干活的人。

提起马云，最通俗不过，也最恰人其分的描写如下：

他是互联网江湖的风清扬，手据阿里七剑，从无到有；他是运作平台经济的顶级高手；他站在数据的云端眺望未来；他的目标不多，只有一个，那就是"让天下没有难做的生意"；他坚信新经济时代的到来，未来十年商业会更美好；他希望有一个机会能够给大家分享这么多年一路走来的辛酸坎坷和如何带着希望努力前行。

来自天猫官方微博的最新数据显示，2013年"双十一"支付宝总成交金额达到350.19亿！每一个参与网购的消费者共同创造的新消费时点诞生了。

正如阿里巴巴董事局主席马云在"双十一"前夕所言："300亿不是个悬念，如果真正要想做，我觉得未来几年内，做到1000亿也不是说做不到的数字。但数字并不是我们今天所关心的。我们今天最关心的是数字背后的东西，通过数字我们怎么样去真正地理解市场的力量。我希望'双十一'能够真正成为中国消费者拉动需求、发现需求、拉动消费的一个重大节日。"

信息显示，在阿里集团平台化的电商新经济引领下，中国网络零售过去5年涨了19倍。马云坚定而自信地说："我们还会不断地做，但是我们不会为数字而做，为500亿、800亿，即使有一年我们做到1000亿，我们也希望它是一个健康自然达到的结果，而不是一个追求的目标。"

马云一向是喜欢把自己推在风口浪尖上的人，所以他是互联网时代不可缺少的引领者，是永不放弃自己梦想的"狂人"，是一个运筹帷幄的战略家，是一个思维活跃的创新者，是一个抱有使命感和社会责任的企业领袖，是一个激情四射的演说家，也是一个幽默风趣的哲学家。马云和他的团队带着激情、带着梦想、带着责任和使命为创业梦奋斗着。在15年的颠簸起伏中，马云和他的团队沐浴过阳光明媚的春天，也经历过严酷的寒冬，终于把阿里巴巴从一个不为人知的小船锻造成一只世界级的航母，让人们的购物模式发生了翻天覆地的变化。尽管没有Facebook那么有名，但阿里巴巴在电子商领域赚的钱已经比亚马逊和eBay加在一起还要多，而且阿里巴巴的发展还在增速，其旗下的淘宝、天猫、支付宝等用户群极其庞大。

现在的马云的确是风光无限，成为人们心中的"创业教父"，被包括哈佛、斯坦福等众多世界名校请去演讲，还被布莱尔、克林顿邀请共进午餐，甚至还上了《福布斯》杂志的封面，他的微粉逾1500万。

2014年5月7日，阿里巴巴正式向美国证监会递交IPO申请，标志着阿里巴巴将进入新的挑战时代。马云表示，上市从来就不是最终目标，而是阿里实现自己使命的一个重要策略和手段，是前行的加油站。他说，让阿里丢在国际资本中去游泳，必将遭遇空前绝后的挑战和压力。但只要坚持该坚持的，相信自己相信的，一定能在压力和诱惑中度过未来艰辛的87年。人生最有价值的投资是对未来和理想的坚持！

长得很浓缩的马云一直都是神一样的存在，创造了一个又一个商业神话，被无数心怀创业梦想的年轻人奉为偶像。人们在感叹马云缔造的一个又一个传奇的同时，很想知道这个中国最有"前途"的男人究竟有什么的人生观和价值观，他背后有着怎样的心酸和泪水，以及他独特的经营和管理智慧。

《哪里有抱怨哪里就有机会：马云给年轻人的14堂创业智慧课》结合马云的传奇经历，讲述他的经营智慧、领导智慧、竞争智慧、战略智慧，用人智慧、处世智慧等。深刻剖析在每一个关键时刻，每一个人生的岔路口，他是如何把握的。更为重要的是，首次写了他对年轻人的人生之路的悉心指点。相信你认真阅读这本书，吸收马云的智慧，可以秒杀在人生或创业路上的各种迷茫，成就一个更好的自己，成为一个离成功最近的人！

上篇 机会哲学：
做好准备，创业可以走直线

中篇

经营哲学：
做好CEO该做的事，让天下没有难做的生意

下篇

成长哲学：
如何带领你的企业走向更远的地方

上篇

机会哲学：
做好准备，创业可以走直线

第一章 C 谈人生规划：

人生没有B计划，蠢蠢欲动之前，要先认清自己

◎ 如何拥有一个与众不同的人生

◎ 摆正动机再开始启程

◎ 你会成为什么样的人？

◎ 想要创业，5年后再回来吧

◎ 梦想是你创业的唯一理由

◎ 认准了，选择了，就要全力以赴

◎ 演讲实录：人生唯有梦想与

坚持不可辜负

◎ 如何拥有一个与众不同的人生

" 创业者最重要的是非常喜欢自己做的这件事情，因为太爱这件事情而去做，不是因为别人一句话灵机一动就去做。"

马云

《赢在中国》在中国的热播，鼓舞了中国成千上万有理想、有激情、渴望成功的人们走上了创业的这条道路。每个踌躇满志的创业者都希望自己成为比尔·盖茨、菲尔·奈特或者安妮塔·罗迪克这样的人物。因为这三个人都有创建一家大型企业并连续多年掌权的经历。

许多创业者对公司的前途过于自信，对未来可能面临的问题却非常天真。1988年，普渡大学战略学者阿诺德·库珀与两位同事共同访问了3000名创业者，请他们回答两个简单的问题："您的公司成功的几率有多少？"以及"其他同类公司成功的几率有多少？"结果创业者们认为自己的公司平均成功率为81%，其他同类公司只有59%。在所有受访者中，有80%的人认定自己的成功率在70%以上，有三分之一的人称自己的成功率是100%。而事实却不那么美好，甚至有些残酷。哈佛商学院的研究发现，第一次能成功创业的几率只有23%。另外一项调查显示：新创公司的10年存活率不足4%，大概有40%的企业熬不过一年，80%的企业生命活不过五年。之所以死在创业的路上或者创业只停留在口头上，除去运气、资本、市场和人才因素，还有一个最根本原因：创业者不知道自己到底要做什么。

在创业之前，明确自己的目标和方向是非常必要的。只有在知道自己的目标是什么、到底想做什么之后，你才能够有机会达到自己的目的，你的梦想才会变成现实。

马云曾建议准备创业的人要想清楚两个问题："第一，你想干什么？不是你父母要你干什么，也不是你同事要你干什么，也不是因为别人在干什么你需要干什么，而是你自己到底想要干什么。第二，想清楚想干什么的时候，你要想清楚你该干什么而不是你能干什么。"

其实，你不快乐、有迷茫感的根源，是因为你不清楚自己要什么。你不知道要什么，所以你不知道去追求什么，你不知道追求什么，所以你什么也得不到。

马云觉得，职业生涯——不管你是择业还是创业，首先要关注的是自己，是自己想要什么。大多数人大概没想过这个问题，唯一的想法只是——我想要一份工作，我想要一份不错的薪水。我知道所有人对于薪水的渴望，生存的压力促使他们还没来得及思考自己的人生目标和追求就仓促地找一份工作，在这种情况下所选的工作往往不是自己理想中的，所以，就会选择创业，创业又会遇到新的困难，最终只能哀叹怀才不遇。

现代社会中，信息是瞬息万变的，机遇也是稍纵即逝，而我们每个人都有成功的梦想，都有干事的欲望，都想通过努力，实现自己的人生目标，但是并不是所有的事通过努力就能达到、就能实现，现实中付出努力却事倍功半的先例比比皆是。创业道路上更是充满艰辛和荆棘。不否认很多人从单打独斗的草根到组建团队，到公司化运作；可是，更多人在苦苦奋斗多年后依然一无所获，依然在摸索。我们不能否认失败者没有努力，也许他们的付出更多。认真、慎重、仔细地思考思考自己到底要干什么，也许你的人生会与众不同。

马云微语录

"在自己找到的人生方向上不断地坚持，你就能得到自己想要的成功。很多人不是不努力，不是不勤奋，不是没有能力做好，是没有找到自己能够用来一生坚持的方向。创业前找到自己的方向，然后在这个方向上不断地坚持，你就会成功。"

◎ 摆正动机再开始启程

> **"** 摆正动机再来开始创业，要经常问自己为什么要创业。**"**
>
> 马云

马云认为，创业者要实事求是，摆正创业的目的和钱的位置。不要一上来就把自己放在一个很高的高度，张嘴就谈什么文化啊民族啊。他认为创业不是为了赚钱，而是创业的结果让创业者得到了很多钱。钱是资源，赚钱的目的不是为了自己的生活更好，是为了帮助更多的客户，服务别人，帮助别人。

每个人都想创业，而大家的创业动机也不尽相同，有的是一时冲动，有的是为自己的梦想，总结起来，一般分为以下几种情况：

一时冲动：这些人长期工作产生了职业倦怠，没有了工作激情和热情；或者遭遇升迁瓶颈，觉得付出和收获不成比例，进而对公司和领导产生不满情绪，抱怨领导能力远不如自己。总之，产生了"爷不伺候你了"的想法。有这种创业冲动的人很多，到对自己或对领导"忍无可忍"的地步，终于爆发，开始创业。这种类型的人，创业的目的很单纯，就是为了证明一下自己。

家庭影响：这些人有着良好的创业基因，父辈们多是有着自己的产业。这类人群大部分在大学期间甚至更早就开始了自我创业之路。

梦想创业：这些人受创业人环境、社会环境影响颇深。特别是前几年的马云、史玉柱，俞敏洪等的创业神话，激发了一部分人心中沉睡的创业梦。他们有着自己坚定的信仰和理想，带着持久的激情，想通过创业让胸中的抱负得以实现。

经济创业：天生对成功、名誉、金钱充满渴望，觉得只有这些才能证明自己的成功；看到很多人在创业中获得了巨大的回报，认为自己创业的话一定能够一夜暴富。

条件创业：受投资环境的影响和国家政策的鼓励，很多人没有资金，没有资源，也开始考虑创业了，认为一个idea就能获得投资。

被迫创业：干什么什么不成，干什么都满腹牢骚，走投无路的情况下，把创业当做一种救赎或出路。

水到渠成：很早就有了梦想，只不过条件和时机不成熟。在不断地为自己的创业梦想积攒，积攒到了足够的资本，游刃有余地进行创业。

每一种动机都有一种心态在支撑，每一种动机也决定了自己的高度，决定了自己的事业可能做到什么程度。我们来对以上几种创业动机做一个简单的分析：

第3种动机是创业最理想，也是最优的一种创业动机。一般来说，这样的创业者有着很强的事业心。他们创业不是为了赚钱和享受人生，完全是出于一种人生的理想。这样，创业者在做决策的时候不会受到很多利益因素的影响，也不会受短期目标而损害长期利益。这种动机的创业者优点还在于执着，对创业会一直坚持下去，不仅为企业创造价值，也为社会创造价值。

第4种动机是创业中最危险的。这样的创业者对金钱、名誉有着强烈的渴望，希望用物质来诠释成功。因此，他们容易在路子上出问题，企业很难真正做大做强。

第2种和第7种动机有着天然的资源优势，往往比较容易成功，不过能不能让企业稳步前行也要看是否天时地利人和。

其他类型的创业者创业动力不强，不是脑子一热，就是被迫创业或见好就收，不能及时调整自己，企业也很难走远。

每个创业者都应深知自己的长处和短处，以及为什么选择创业这条路。对于创业者来说，即便是最棒的商业机会，如果动机是错的，也可能失败。

因此，一般来说，最不可取的创业动机包括以下几种：

"我厌倦了一直要努力工作，压力很大。"

不能因为逃避压力而选择创业，创业的压力远非工作能比的。

"我喜欢做这个，所以要把它当成职业来做。"

消费者不会为你一厢情愿的爱好买单。

"现在就业太难了，根本找不到适合我的工作。"

创业不是被动、无奈、绝望的选择，而是主动出击的精神。绝望的人不会有成功的希望。

"我手里有不少钱，存着升值不大，不如拿来创业。"

创业不能没有钱，但有钱不意味着你适合创业。如果你没有好的项目就不要为创业而创业。

"我不喜欢看人脸色，被人管。"

别因为想得到自由而创业。创业之后你要应付的老板可不止一个，你的客户、供应商、赞助商、合作伙伴等都是你的新"老板"。这些人可能比你现在的老板更难对付。

"我的朋友都创业了，都还挺成功的。"

你只看到了朋友的成功，没看到其他人的不成功。况且朋友的成功不一定像你想象的那样一帆风顺，理所当然。不要因为别人的影响而冒然进入你完全不熟悉的领域。

"我内心骚动不安，对创业充满好奇，试试吧，不行就撤。"

创业不是做游戏，需要的是真金白银和智慧博弈。若是自己搞不清自己的动机，最好不要贸然尝试。

马云微语录

"对于初期创业的人来说，一定要知道自己的创业目的是什么。有的人是为了实现梦想，有的是为了让自己赚到钱，不管哪种都一定要有清晰明确的目标，这一点才是最主要的，如果你搞不清楚自己为什么要创办这个企业，很大程度上会走向失败；还要问自己为什么你能够创办这个企业，因为创业不是想想就可以完成的，只有在都确定之后才能创业。"

◎ 你会成为什么样的人？

> ❝ 在你要创业之前，你必须要记住一点：你想成为什么样的人，你将会过着什么样的生活，决定权全在于你自己，你没什么可抱怨的，也没什么值得赞颂的。❞
>
> 马云

在生命中，我们每天做得最多的事情，其实是"选择"。因此，在谈创业的时候不得不提到这个话题。

马云始终认为，人生是一种选择，我们究竟会成为一个什么样的人，取决于我们每天做出的各种各样的选择。

从小到大，马云不仅没有上过一流的大学，而且连小学、中学都是三四流的。中考二进宫，高考三进宫。1984年，不是学习那块料的马云终于勉勉强强地考入杭州师范大学外语系，就这还大概是上天不忍心折磨这个瘦小的孩子，让他有幸以专科的分数补录到了本科。就这样，马云幸运地上了本科，并凭着满腔热情和一身侠气，当选学生会主席。

大学毕业后，马云在杭州一所大学当了一名英语老师。1991年，爱折腾的马云和朋友成立了海博翻译社。结果第一个月就收不抵支，遭到亲友一致讥讽。在大家对他不抱希望的时候，他却坚信认为只要做下去，一定有前景。为了不让自己辛苦成立的翻译社倒闭，他开始贩卖各种小商品来维持翻译社的运转。功夫不负有心人，两年间，马云不仅做大了翻译社，组织了杭州第一个英语角，同时还成了全院课程最多的优秀青年教师。

1995年初，马云在美国偶然接触到互联网。对电脑一窍不通的他在朋友的帮助下捣鼓着上网的时候，突然对这个新生事物很感兴趣。当时网上没有任何关于中国的资料，出于好奇，他让人帮着做了翻译社的网页，没想到，短短

3个小时就收到了4封邮件。一向敏感的马云隐隐约约地意识到：互联网上可能蕴藏着无限的商机。脑袋瓜灵活的他萌生了一个想法：要做一个网站，把国内的企业资料收集起来放到网上向全世界发布。

此时，刚刚年过30的马云在学校正春风得意，有着令人羡慕的光明前途。但是，马云放弃了在学校所拥有的一切，毅然选择下海。

当时，互联网对于绝大部分中国人来说非常陌生，即使在全球范围内，互联网也刚刚起步。他所在的杭州甚至连拨号上网业务都没开通，在这种情况下，马云却已经梦想着要用互联网来大展拳脚。这个不着边际的想法立即遭到了众亲友的强烈反对。他请了24个朋友来家商量，发表了两个小时的激情演讲。听得云山雾罩的24个人其中23个投了反对票，只有一个人说可以试试看，不行赶紧撤。马云一夜无眠，第二天早上决定还是干，哪怕所有人都拍砖。

1995年4月，马云和妻子再加上一个朋友，凑了两万块钱，成了一家专门给企业做主页的网络公司"海博网络"，网站取名"中国黄页"，成为中国最早的互联网公司之一。

时隔多年，回忆起当年力排众议的情形，马云说，人生如果重来，他还是会义无反顾地选择这条路。

从某种意义上来说，我们的未来不是别人给的，是自己选择的。很多人抱怨自己的命不好，没得选择。如果你认为"出生在官宦之家还是豪门""去美国深造还是去欧洲留学""当明星还是当企业家"才叫选择的话，你似乎真的没有选择的余地，很多人也没有。

但每天你都可以选择是否为客户服务更周到一些，是否对同事更包容一些，是否把工作做得更细致一些，是否把问题解决得更彻底些；你也可以选择在是否在绝望中继续坚持，是否让自己更充满活力，是否多学习别人的优点……

生活每天都在给你选择的机会，每天都在给你改变自己人生的机会，你可以选择躺在床上做白日梦，也可以选择在生活中摸爬滚打。不要说，自己没有选择，而是有太多的选择等着你去决定。

我们面临太多的选择，而这些选择当中，思维和观念方面的选择比客观条件的选择更重要。比如，选择做什么并不那么重要，而选择怎么做才重要。选择用什么人并不重要，而选择怎么带这些人才重要。

除了这些，你还可以选择自己的人生规划方式，比如，你可以选择在自己体力充沛、精力旺盛的年龄做些有挑战性的事情，也可以安安稳稳地过完这平淡的一生。我不敢说你的人生是选择的结果，但唯有认真对待每一次选择，才会有机会实现自己想要的人生。

马云微语录

"我觉得创业更是一种生活的方式的选择，你选择做什么样的人，就意味着你选择了什么样的生活方式。选择创业就意味着选择了各种各样的困难；选择了自我折磨、自我锻炼、自我成就；选择了十年如一日的坚持。这一点是你必须要清楚的。而且一旦你选择了这种生活方式的时候，你就不该有任何的后悔和畏缩。"

◎ 想要创业，5年后再回来吧

<blockquote>
❝ 创业需要热情，但创业绝非头脑发热的产物。先让这个念头凉一下，如果5年之后你还有创业的念头再去做。❞

马云
</blockquote>

上面这段话是马云经常对那些跃跃欲试的创业者说的。他告诫年轻的创业者，不要因为别人的一句话，灵机一动就去创业。

不是所有的人都适合创业，也不是所有的人就只能打工，在这之间的选择，只有仔细斟酌、冷静分析后才知道，而时间是最客观的分析师。

1988年，马云在从杭州师范学院外语系毕业后，被分到杭州电子工业学院当英语老师。一天，他在校门口碰到了校长。校长对他说："马云，你到那个学校5年不许出来。"他回答说："好，我5年不出来。"没想到分配到那个学校，他一个月工资只有89块，而当时他可以在深圳拿到更高的待遇，差距很大。他想，既然承诺留在学校，就要遵守承诺。有所失必有所得，这段做老师的经历也教会了马云很多事情。

什么时候创业比较合适？当你经常对创业时机思考的时候，不妨先过一个为期5年的时间关。为什么说5年呢？

5年可以检测出你的创业意愿是否强烈

创业很累，失败率很大。创业需要强烈的意愿，然而这种意愿的强烈程度决定着你的人生是否会面对一次或多次转折。强烈的欲望可以让你战胜一系列心魔。人生的很多目标正是在意愿和欲望激发的各种正能量下实现的。

一个人创业的愿望和激情是否真的强烈，看的不是一天、一个月、一年，而是一种长久的持续。不少人的意愿和激情是短暂的，随着时间的流逝而完全会忘记自己的初衷。5年，确实能够消灭掉很多创业的想法。而如果连续五年这种激情和意愿都在你内心勃发，证明你是个执着于创业的人。

马云的阿里巴巴的创立是从十几个有激情、有理想的年轻人开始的，他们怀抱着一个创建一家伟大的公司的梦想聚集到了一起。年轻的团队激情来得快，走得也快，尤其是干一件跑在别人前面的事，所面临的困难和挫折也是前所未有和出乎人们意料的，显然，如果没有持久的激情，在这些困难面前，难免会打退堂鼓。

5年可以磨练出一个新的性格

创业是很多年轻人的梦想。看到别人成功，很多人的内心难免蠢蠢欲动。实际上，并不是每个人都适合创业的，这个往往取决个人性格、能力、毅力等因素。这样说并不是打击人们的梦想，而创业确实对一个人的综合素质要求很高。

虽然那些成功者值得我们去学习，但是要知道，成功是不可复制的。每个人的思维、性格、毅力的差异决定了创业之路霄壤之别。

社会心理学家曾从人性的角度分析了几种不适合创业的性格。

缺少职业意识的人。职业意识是人们对所从事职业的认同感，它可以最大限度地激发人的活力和创造力，是敬业的前提。而不少人却对所从事的工作缺少职业意识，满足于机械地完成自己分内的工作，缺少进取心、主动性。

有强烈优越感的人。这样的人恃才傲物，很看重自我，难以与集体融合。

唯上是从，只会说"是"的人。这种人因循守旧、思维中庸，缺乏独立性、主动性和创造性。若创业的话很难有所成就。

懒惰的人。这种人习惯于占便宜，常发牢骚，工作没有什么效率可言。

极端的人。这种人常常以偏概全，喜欢指点别人的缺点，贬低别人来抬高自己，总以为人人都不如自己。

如果你不幸有这些性格，也不要因此就断定自己与创业无缘。但不是不能改变。如果你在工作中注意克服自己的性格缺陷，不断自我改造和提升，还是可以发生积极变化的。在年龄适宜、具备一定的改变潜力的情况下，性格的改变自然会发生。性格发生改变的核心机制，就是在寻求改变的内在驱动力之下，通过环境刺激或者生活经历重新塑造。

5年工作积淀的重要性

能够当一个好老板的人未必是好员工，但要想当一个好老板他首先应是一个好员工。一位在高校就业指导中心工作的老师认为，今天的大学生创业正在进入一个理性、务实的发展期：1998年从清华大学兴起的第一轮"创业潮"的特点是起点高，风险大，失败的几率也大。自2003年以来掀起的新一轮"创业潮"则有所不同，大学生变得更务实，这是从观念上发生的最好转变。华东师大一项对上海部分高校学生的创业调研表明，目前的大学生拥有较强的创业意识，77.6%的受调查学生表示会考虑自主创业。对于创业时间，10.6%的学生选择"在大学期间"，21.3%选择"一毕业就创业"，45.7%选择"毕业后工作几年，积累一定经验和社会关系再创业"。

创业不是一件容易的事，更不是单凭一时的激情就能干成的事。很多年轻人从学校毕业之后，就迫不及待地想要大展身手。理想很丰满，现实很骨感。刚刚走出校园的年轻人往往面临着一没资金，二没人脉，三没经验这三座大山。一个人若是没有做好创业的准备，不妨认真找一份工作，踏踏实实地干5年，5年之后，如果你还抱有强烈的创业心态，再去创业也不迟。

马云微语录

"要我是你的话，5年内我不会创业，我会去找一个公司，好好工作5年。在学校教书的5年给了我很大的帮助。能够当一个好老板的人未必是好员工，但要想当一个好老板他首先应是一个好员工。不想当将军的士兵不是好士兵，但是一个当不好士兵的将军一定不是好将军。"

◎ 梦想是你创业的唯一理由

❝ 作为创业者首先要给自己一个梦想。❞

马云

连续跨界的创业者孙陶然，他100%的创业成功率令人瞠目结舌，六度创业六度成功，二十年间创办及联合创办了六个行业的6家著名企业，每个企业都可以引领行业内的潮流和风向：联合创办"恒基伟业"，创造垄断市场70%以上份额的"商务通"营销奇迹；缔造中国公关第一股"蓝色光标"；2005年联合著名企业家雷军及君联资本发起创办拉卡拉公司，在2011年第一批获得中国人民银行颁发的第三方支付牌照，成为中国个人刷卡时代的开创者和领导者。

面对如此辉煌的创业经历，孙陶然淡然处之，他说："创业就是一个逐梦的过程，梦想是唯一创业的理由。创业带给人最大的人生改变是自由和自我实现，当你能够把自己的全部身心投入到自己的梦想之中，当你看着随着你和同伴的努力你那些被人所质疑的梦想一天天变为现实的时候，那种满足感是沉甸甸的。"

创业是很多年轻人的梦想，而梦想与现实是有差距的。但是梦想是创业开始的地方，只有有了梦想，创业才是可以实现的目标。

马云曾放出狠话：如果银行不改变，我们来改变银行。他决意要用互联网的思想和技术，让金融回归服务本质。阿里巴巴支付宝2013年6月13日悄然上线了"余额宝"存款业务。用户存留在支付宝的资金不仅能拿到"利息"，且与银行活期存款利息相比收益更高。从战略角度来说，余额宝是马云颠覆传统金融的一颗棋子，是实现其互联网金融梦想的又一尝试。这意味着马云在金融领域又攻克一城，开始介入理财领域。至此，依托移动互联网，阿里巴巴几乎已覆盖了传统金融的全部业务。

早在2007年6月，阿里巴巴集团便与中国建设银行、中国工商银行合作共推小企业贷款，企业不需要任何抵押，由3家或3家以上企业组成一个联合体即可申请贷款。仅三年的时间，阿里巴巴集团便通过银行合作和自营方式为小企业提供128亿的贷款。

2009年，马云在美国纽约宣布，将与格莱珉银行信托基金携手开展格莱珉中国项目，向中国最贫困的居民提供小额信贷金融服务。

2010年4月，浙江阿里巴巴小额贷款股份有限公司正式获得由杭州市工商局颁发的营业执照，而这也是中国首张电子商务领域的小额贷款公司营业执照。该公司是由阿里巴巴集团联合复星集团、银泰集团和万向集团共同组建，其专门面向网商放贷，贷款金额的上限为50万元。

2011年，阿里巴巴集团又在重庆设立了小额贷款公司。截至2012年6月，阿里巴巴小额贷款公司已为13万家小微企业提供融资服务，累计贷款总额超260亿元。

随后，阿里巴巴集团的金融业务又从小额贷款业务扩展到担保业务，成立商诚融资担保有限公司，做贷款担保、票据承兑担保、贸易融资担保、项目融资担保、信用证担保等融资性担保业务；兼营诉讼保全担保业务。

如今，阿里巴巴集团正加速向金融领域扩张，从线上支付到第三方支付，再从小额贷款业务到担保业务，马云努力实现自己的"金融帝国梦"。

马云向来是一个果敢的追梦者。在阿里巴巴创办初期，马云就梦想做一个伟大的公司，希望阿里巴巴为中国的网商，为中小企业创造一大批百万富翁、千万富翁。

当阿里巴巴渐成气候时，马云又梦想用这个平台来改变世界，改变商业世界的规则，发誓要在5年内，成为世界十强。他说："我的四大天王，每人至少能管理1000亿人民币以上的公司；八大金刚，管理500亿；十八罗汉管理300亿；四十太保，至少10个亿。别人说阿里巴巴是黄埔军校，我们就是要做这个事，但不要刻意做这个事。10年之后，我的考核指标是：世界500强中的中国企业的CEO有多少是从阿里巴巴出来的。"

他的梦想没有被辜负，14年过去了，阿里巴巴已经蜕变成一个航空母舰，业务包括B2B贸易、网上零售、购物搜索引擎、第三方支付和云计算服务。集团旗下的子公司及关联公司有阿里巴巴B2B、淘宝网、天猫、一淘网、阿里云计算、中国雅虎及支付宝。

如今，他许多当初看起来不可思议的梦想已经实现，甚至是天方夜谭的梦想也正在实现的道路上狂奔。

任何创业者在最初的时候，都会有一个梦想，也会为达成这个梦想付出努力，但是有很多创业者在取得一时的成功后，往往就抱着"守业"的观念，再也不肯为最初的梦想而努力了。像这种人就会阻碍自己前进的道路，甚至压抑其他人的成长。因此，眼前的一时成就只可以让你小小地高兴一下，切不可因此忘记了你的最终目标是什么，甚至忘记了你自己。

被誉为互联网风云人物的盛大网络创始人陈天桥曾说过这么一段话："当每天收入到100万的时候，我觉得它是诱惑，它可以让你安逸下来，让你享受下来，让你能够成为一个土皇帝。当时我们只有30岁左右，急需要一个人在边上鞭策。就像唐僧西天取经一样，到了女儿国，有美女有财富，你是停下来还是继续去西天？我们希望有人不断地在边上督促说：你应该继续往你取经的地方去，这才是你的理想。"

他的话与马云的行动异曲同工，那就是旨在告诉创业者要给自己一个真正的梦想。

每个人都有自己的梦想，但不管做什么，只要努力去做，按照自己的思路、想法去做，做成了，这就是成功。在圆梦的过程中，梦想和现实总是不断的转换，在一个梦想实现之后，又会产生新的梦想。我们只有怀揣着永不止步的信念，让自己的潜力得到充分的发挥，才会让自己更大的梦想有实现的可能。

"没有梦想比贫穷更可怕，因为这代表着对未来没有希望。一个人最可怕不知道自己干什么，有梦想就不在乎被人骂，知道自己要干什么，最后才会坚持下去。"

马云微语录

◎ 认准了，选择了，就要全力以赴

> **❝** 很多年轻人是晚上想想千条路，早上起来走原路。**❞**
>
> **马云**

很多创业梦夭折的人并不缺梦想，缺的是把梦想变成现实的行动。有梦想很可贵，但用行动去实现梦想更可贵。如果不把梦想变成现实，就是空想，就是妄想。只有努力尝试过，才有资格谈经验或教训，才能验证自己当初的选择。但是你如果不做，就像晚上想想千条路，早上起来走原路，一样的道理。

很多人认为马云的成功是因为他有非常优秀的理念，但马云说，这世界上没有优秀的理念，只有脚踏实地的结果。因为在马云心里，以及很多成功者那里，对未来的描绘，看上去充满激情，其实与激情无关，而是他们真心认为，只要做了，自然就水到渠成。

2005年，苹果董事长乔布斯在斯坦福大学毕业典礼上曾这样回顾自身的创业经历：

"17岁时，我上大学了。但是我无知地选了一所学费几乎和斯坦福一样贵的大学。六个月后，我看不出念这个书有多大价值，也不知道念这个大学能对我有什么帮助。而且我为了念这个书，最后会花光父母这辈子的所有积蓄。所以我决定休学，相信船到桥头自然直。当时这个决定看来相当荒唐，可是现在看来，那是我这辈子做过的最好的决定。"

但是在创立苹果计算机时，许多困难接踵而至，乔布斯遭遇了许多意想不到的挫折，为此他感慨地说："有时候，人生会遇到别人用砖头砸你的头，但你不要丧失信心。我确信，爱我所做的事情，未来就会是美好的。这些年来就是它让我继续走下去。"乔布斯认为，只有全部身心投入工作，才会感受充实和愉快，唯一获得真正满足的方法，就是做你相信是伟大的工作，而唯一做伟大工作的方法，是爱你所做的工作。如果你还没找到这些事，继续找，别停顿。尽你全心全力，你知道你一定会找到。

微软董事长比尔·盖茨在2007年哈佛大学毕业典礼上这样讲道，他当初创业，就是坚定的认准目标，并矢志不渝、锲而不舍，他一针见血地指出："不要让这个世界的复杂性阻碍你前进，要勇敢的成为一个行动主义者，永远不要停止思考，不要看到问题太复杂就放弃了采取行动。"

现在许多人喜欢高谈阔论说方向和战略，却往往忽视了实实在在的执行。马云认为，做企业不仅仅是做创意，创意是企业运营中重要的一环，但它只是一环，更重要的是要把每项工作落到实处。

记得曾有一个哲学问题：在这个世界上，什么事最重要？有一种答案是：最重要的事就是马上去做。

其实就创业来说，只有趁现在还有热情和冲劲的时候，理想和志向尚未随着年龄逐渐增大而泯灭的时候，马上行动才是根本，如果一味的犹豫不决、害怕风险、自怨自艾、或是单纯抱怨，只会让自己的人生过得平淡无味。

马云微语录

"创业不能停留在理念与幻想上，idea可以有无数个，action只能有一个。很多人说我有非常优秀的理念，我听得太多了，在这个世界上没有优秀的理念，只有脚踏实地的结果。中国人的创业，关键不在于你有出色的想法、理念或梦想，而在于你是否愿意为此付出一切代价，全力以赴地去做它，证明它是对的。"

◎ 演讲实录：人生唯有梦想与坚持不可辜负

2008年3月16日马云在"中国青年创业行动"上的讲话

我刚才在门口一听说要演讲，就有些激动，立即就想到了两个词：梦想与坚持。我想跟大家讲，作为一个创业者，首先要给自己一个梦想。1995年我偶然有一次机会到了美国，然后我发现了互联网。发现互联网以后，我却对技术几乎是一窍不通，因为我不是一个技术人才。到目前为止，我对电脑的认识还是停留在收发邮件和浏览页面上，到现在为止我还搞不清楚该怎么样在电脑上用U盘。但是这并不重要，重要的是你的梦想是什么。

早在1995年，我就发现互联网有一天会改变人类，可以影响人类的方方面面。但是谁可以改变互联网，它到底该怎么样影响人类？这些问题我在当时没有想清楚，只是隐隐约约感觉到这是将来我想干的。所以从美国回来以后，我请了24个朋友到我家里，当着大家的面，我说我准备从大学里辞职，要做一个互联网，叫Internet。那个时候互联网不叫互联网，而是把它译成"因特耐特"，两个小时内，我肯定没讲清楚什么是互联网，他们肯定也听得糊里糊涂。两个小时后，大家投票表决，23个人反对，1个人支持，大家觉得这个东西肯定不靠谱，再加上我又不懂电脑，所以没信心。但是经过一个晚上的思考，第二天早上我还是决定辞职，去实现自己的梦想。为什么是这样呢？今天我回过来想，我看见很多年轻人是晚上想千条路，早上起来走原路。如果不去采取行动，不给自己一个实践的机会，你永远没有机会成功。所以我稀里糊涂走上了创业之路。

有了一个理想以后，我觉得最重要的是给自己一个承诺，承诺自己要把这件事做出来。很多创业者都觉得条件不够，该怎么办？我觉得创业者最重要的是创造条件。如果机会都成熟的话，一定轮不到我们。所以一般大家都觉得这是好机会，觉得机会成熟的时候，我觉得往往不是你的机会。你坚信这事情能够起来的时候，给自己一个承诺说我准备干5年、干10年、干20年，把它干出来。我相信你就会走得很好。在一次跟创业者交流过程中，我说创业者的激情很重要，但是短暂的激情是没有用的，长久的激情才是有用的。一个人的激情也没有用，很多人的激情才有用。如果你自己很有激情，但是你的团队没有激情，那一点用都没有。怎么让你的团队跟你一样充满激情地面对未来的挑战，是极其关键的事情。而保持激情的动力，来自创业者给自己的承诺。

在互联网最冷的冬天，2001年、2002年的时候，我已经吃了6年苦了，6年以来犯了那么多错误，后面6年也会继续干下去。哪怕再吃6年苦，甚至16年苦，我也决心一定把它做出来。在这儿我想跟大家分享一个我坚持梦想的案例。

阿里巴巴上市一个月以后，我把我们公司超过5年的员工召集在一起，我问大家一个问题，我们现在上市了，可以说是相当有钱了，可凭什么我们今天有钱？是因为我们比别人聪明吗？我看未必，至少我认为我是不聪明。我们比人家勤奋？我看这世界上比我们勤奋的人非常多，比我们能干的人也非常多。但为什么我们成功了，他们没有成功？在我看来，绝大部分员工的智商都比我高，因为七八年以前阿里巴巴没有名气，我们没有品牌，没有现金，人们也不一定相信电子商务。

但是经过了五六年，我们这些人居然都很有钱，大家都有成就感，为什么？我觉得就是因为我们相信自己是平凡的人，相信我们能在一起做一些事情，那个时候自认为很能干、相当出色的人，全部离开了我们，因为有猎头公司把他们请走了。有些人不认同这个观点，不认同互联网，或者不同意这样的方式，他们便到另外的公司创业；那些没人挖的人，反正闲着也是闲着，到其他公司也找不着工作，就待下去，一待就是七八年，今天都成功了。事实上也是这样，傻坚持要比不坚持好很多。所以我觉得创业者不仅要给自己一个梦想，给自己一个承诺，还要给自己一份坚持，这是极其关键的。

其实阿里巴巴做电子商务，9年以来我们经受的批评、指责非常多，有人说中国不具备做电子商务的条件。中国没有诚信体系，没有银行支付体系，基础建设也非常差，凭什么你可以做电子商务？那你说我怎么办，等待机会？等待别人来，等待国家建好，等待竞争者进来？我觉得如果没有诚信体系，我们就创造一个诚信体系；如果没有支付体系，我们建设支付体系。只有这样，我们才有机会。9年的经历告诉我：没有条件的时候，只要你有梦想，只要你有良好的团队坚定地执行，你就能够走到梦想的彼岸。

这9年，让我最感到骄傲的事情不是取得了什么成绩，不是说9年能活下来，而是我们每一次碰上的灾难和挫折。当然，我今天不想在这儿吹牛，我不知道是怎么碰上这些灾难、挫折的，但我也不知道是怎么走出来的。很多人告诉我，当时是做了怎样准确的决定，让我走出了困境。其实有的时候，运气也很重要，但这些运气之所以会降临，是因为你的信念，是因为你给自己的承诺，给团队的承诺。我坚信，中国需要大批的中小型企业，解决中国13亿人口巨大的就业问题，我不相信国有企业能解决这些问题。而需要大量中小型企业，就需要大量的创业者。

创业者在记住梦想、承诺、坚持、该做什么、不该做什么、做多久以外，我希望创业者给自己、给员工、给社会、给股东承诺，永远让你的员工、家人和股东可以睡得着觉，绝对不能做任何逾越法律以及危害社会的事情。只要这些东西在，我对我的家人、对我的员工、对我员工的家人、对我的股东永远坦荡。我们犯错误，心里也知道错在哪里。今天很残酷，明天更残酷，但后天很美好，绝大部分人死在明天晚上，所以我们必须每天努力面对今天。

第二章

C 谈企业家修为：
HAPTER TWO

创业拼的是眼光、胸怀、人品与实力

◎ 要想笑傲江湖，就要有足够的胸怀

◎ 要有吃20年苦的心理准备

◎ 眼光的位置比公司的地址更重要

◎ 宁可淘不到宝也不能丢诚信

◎ 宁可舍弃5000万也要关照客户

◎ **演讲实录：看到浩瀚的宇宙，**
你就有了远见

◎ 要想笑傲江湖，就要有足够的胸怀

“ 心中无敌，则天下无敌！ ”

马云

中国每年有数千万的人奔赴在创业的路上，而在千千万万人当中，能创业成功的屈指可数。所以，创业是一场艰苦卓绝的持久战，创业者身上必须具备一些特质。这些特质是一个人的无形资产，更是创业成功必不可少的因素之一。

马云说在他眼中没有敌人，只有榜样。这应该是到了一个境界了。当一个人眼中没有仇敌，能看到别人身上的长处的话，这说明这个人的胸怀，也说明这个人想完善自己的决心。

胸怀大小是成就事业的重要因素。创业的胸怀，包括眼界、气魄，包括对别人的宽容，也包括怎样承受自己的失败和如何看他人的失败。心胸有多宽广，事业就有多大。创造财富的过程同样如此。陈嘉庚先生说过："你得不到你容不下的东西。如果你的房子太小，不得不将财宝堆在外面，那样迟早会失去。这是个显而易见的道理。这就是说，你的心胸有多宽广，才有可能做成多大的事业。"

丁恒立是一家以矿产开发为主导业务的公司总经理。目前公司主要从事锌、铁、铜和铅的尾矿处理工作。能在每吨150元买进的废矿渣中提炼出500元的价值。他觉得尾矿处理前景广阔，中国矿产资源综合开发利用率只有30%，远不及日本的90%，俄罗斯的80%。他的梦想就是想要做中国最大的尾矿处理商。

在《赢在中国》第三赛季晋级赛的第二场。史玉柱作为评委之一向他发问。

"人才、基金、技术对你公司来说，哪个最重要？"

"人才。人才和技术我认为是一体的。"

"然后呢？"

"是资金。"

"看你资料，你的董事会里，除了你哥哥，家人还有谁？"

"没有了，我的兄弟俩控股80%。"

"那你是典型的家族公司。"

"对，很典型。我想补充一下，我哥的能力绝对足以当大股东、董事长。他是昆明理工大学矿产资源评价这方面的教授。项目能不能做他说了算，要没有他，我公司没法干。"

"你以前有两次失败，你得到的最大教训是什么？"

"最大的教训是锋芒不要太露，不要认为自己聪明。要充分利用自己的长处。我认为人的成功是靠充分地利用自己的长处，而不是靠不断弥补自己的短处而成功的。"

在一问一答中，史玉柱对丁恒立这位渴望把企业做大做强的创业者说："我对你的前景非常看好，我觉得你的项目肯定能成功。只不过是大成功、小成功的问题。但我给你提一个建议，有多大胸怀就能做多大事。未来你的事业还会比现在大，所以你的胸怀要海纳百川。胸怀有多大，事业就能做多大。"

奇虎360董事长周鸿祎也可以算是创业老兵，同时他也投资了迅雷等项目。在周鸿祎看来，对创业者而言，钱不是最重要的，"很多年轻的创业者觉得自己无所不能，觉得拿点儿钱就能够打遍天下无敌手，其实不是这样的。"周鸿祎表示，创业者要有胸怀，有学习的能力，年轻的创业者要接受师傅，师傅不是来吹捧你的，而是来挑战你的，他会不断告诉你这样做有问题、那样做有问题，给你很多建议，你把师傅干了10年的经验，通过两三年吸收到很多，进步当然就快。

胸怀是非常重要的，一个人没胸怀是很悲哀的。有人曾讲到自己在合作过程中碰到的一个才华横溢的人。他曾经自己开过工厂，后来觉得自己喜欢科研和技术，自己出来单独做科研，而后，将成功的项目卖给别人。他的项目，以行业内行的眼光来看，都是非常棒的。但他跟别人合作过的项目，这么多年来，却鲜有成功者。他先跟自己的亲戚反目，十年不来往；后跟自己创业的伙伴反目，各分东西。他跟一家港资企业合作，对方叫苦连天。最后，不得已，港方付给他大笔的遣散费，请他走人。这个项目，却在他离开后大获成功。

不得不说，这是他心胸狭窄落下的结果，他容不了别人说他一句不是。他有才华，但太过自负，容纳不了别人。在合作的过程中，他认为项目没起色是整个团队的配合有问题，有人故意拆的台，从来没有反省过自己。

大家都知道在工作中，一个项目需要团队成员的参与和配合，而且，需要在配合的过程中不断进行调整和修正，以适应客户或市场的需要。如果一意孤行，不能容纳别人，不能接受别人的意见，纵然满腹才华，也终难成气候。

能取得事业成功者，都不是平凡的人。但是，仅有事业是不够的，人生还有做人处世的内容。成功后，不居功自傲，不念旧怨，是做人的成功。这会使人在事业上得到更广泛的支持者，取得更大的成功。

马云微语录

"今后永远要把别人对你的批评记在心里，别人的表扬，就把它忘了。当然别人批评你的时候，还是记住这句话：男人的胸怀是'委屈撑大'的，别弄得火气挺大。"

◎ 要有吃20年苦的心理准备

" 对所有创业者来说，永远告诉自己一句话：从创业的第一天起，你每天要面对的是困难或失败，而不是成功。9年创业的经验告诉我，任何困难都必须你自己去面对。创业者就是面对困难。"

马云

有一个年轻人接二连三地受到了失败的打击，便有了轻生之念。一日在城郊寺院山门外遇到了释圆和尚。年轻人久慕释圆和尚大名，心中又有解不开的心结，于是走上前去向老僧人请教。

年轻人先向释圆和尚说明了自己的逆境，然后又说："继续这样苟且地活下去，人生又有什么意思呢？"

释圆和尚没有说话，只是将年轻人请入自己的禅房，然后对小沙弥吩咐："去烧壶温水来。"

过了一会，温水送来了。释圆和尚抓了把茶叶放在杯中，倒入温水冲泡，茶叶却只是浮在水面，没有冲泡开。

年轻人开口道："大师，你怎么用温水泡茶呢？"

释圆和尚不语，只是端起杯子，示意年轻人品尝一口。

年轻人捧起杯子，轻呷了一口，便连连摇头，说："一点茶原本该有的香味都没有，这样泡茶，根本没将茶叶泡开。"

释圆和尚又招手叫来小沙弥，再吩咐："去烧壶开水来。"

一会儿，小沙弥便提着开水回来了。释圆和尚将杯中用温开水冲泡的茶倒掉，重新放入茶叶，倒入开水，缕缕茶香随着开水的热气散发了出来。释圆又提壶往杯中注入一些开水，茶气袅袅，茶水的清香更加醉人。如此反复五次，将杯子注满了，而杯中茶叶也饱吸了开水，渐渐沉入杯底，茶香也越来越诱人。

释圆和尚请年轻人饮一口。年轻人轻轻吹去茶沫，喝了一口，连说好茶。

释圆和尚放下水壶，问年轻人："同一口井里的水，同一种茶，为什么冲泡出来的茶味竟如此不同？"

年轻人说："水的温度不同啊。"

释圆和尚点头道："温水泡茶，茶叶只会浮在水面上；开水泡茶，反复用沸水冲几次，茶叶在浮浮沉沉之间，慢慢释放出了它的清香。世间众生又何尝不是这杯中浮浮沉沉的茶叶呢？有些人如温水冲泡的茶叶，只会在生活的表面浮着；另一些人就如同被开水屡次冲泡的茶叶，经历了人生的风风雨雨，最终才能散发出沁人心脾的清香啊。"

这是个大家耳熟能详的故事，不畏风雨、快乐投资是成功长夜的最高境界，如果谁能把创业的整个过程理解成一个人生的旅程并充分享受这个过程，才能真正称得上成功的创业者。

想要尝试创业的人要做好一个心理准备，问自己如果失败了，怎么办？如果输不起，就不要玩，因为这样的失败对一个初次创业的人的打击可能是致命的，可能会影响其一生。

现在有一部分年轻人缺少吃苦精神，心理承受能力脆弱，以至于在创业遇到困难的时候不自觉地退缩。马云认为，其实，创业是考验人的一种手段，年轻人更应自觉加强吃苦锻炼。

确实，创业是一个艰辛的过程，没有吃苦的准备，肯定是坚持不下去的。

从马云的经历中，我们能体会到他当初创业时的艰辛和困难。事实上，对于创业的结果，创业者是无法预料的，但是创业遇到的各种困难，却是必须承受的！他用行动告诉一些年轻人：要想创业成功，并且要想让企业常青和永续经营，没有吃苦耐劳的精神肯定是不行的。事实上，吃苦耐劳是初创企业快速发展的一个重要因素。

被称为"标准型工作狂"的王永庆，每天早晨4点钟起床跑步6000多米，然后开始工作，除了吃饭时间之外，从不间断工作，连看电视的时间都没有。他的家族成员和员工称他是"像是24小时上紧的发条"。

能干常人不肯干的活，能吃常人不肯吃的苦，能赚别人看不起的钱，这是成功的创业者共同的特点。因为，创业的成功不仅是需要大量的资金和强大的实力，同样也需要耐力，一种能克服万水千山的耐力。

如果你选择创业，那就请下定决心，做好吃苦的准备吧！吃过的苦，流过的汗都是宝贵的财富。当然，吃苦耐劳不是那种蛮干的传统思路，而是依据事业在市场上的种种问题做针对性的改变，然后再选择性地拟出自己的计划和决策，从而实现自己的盈利之路。

马云微语录

"准备创业者要有吃20年苦的心理准备。他要想好未来的路怎么走，未来的路上有什么挫折。我不想安慰谁，现实确实就是这样，阿里巴巴走过来，从阿里巴巴到淘宝到支付宝，一直这样坚持下来。"

◎ 眼光的位置比公司的地址更重要

> " 不是你的公司在哪里，有时候你的心在哪里，你的眼光在哪里更为重要。"
>
> 马云

1998年的中国互联网市场，充斥着大量的泡沫，一片乱象，从业者不知道何去何从，马云却凭借商人的敏锐直觉捕捉到了电子商务的成长空间，独具开创性地创造了阿里巴巴交易模式。这种商业的嗅觉，被今日资本集团的总裁徐新赞誉为"杀手直觉"。今天，电子商务已经成为中国互联网三驾马车之一，且未来发展前景被社会各界看好。再回首，你不得不佩服马云在那样艰难的情况下做出的决定。

当阿里巴巴做得较为顺利的时候，跟随马云多年的团队成员出现了急功近利的心理，想尽快让公司上市，让期权套现，而完全忽视了潜在的风险。当时的马云并没有被成功冲昏头脑，他挂心着阿里巴巴背后的巨大战略缺失，一心想做淘宝网来弥补市场空缺。最终他力排众议，成立了淘宝，让B2B与C2C成为一对相互支持的孪生兄弟。我们不知道，若不是有淘宝网在市场上保驾护航，阿里巴巴是否会陷入竞争的泥淖中，从而错失公司发展的巨大机会。毋庸置疑，当初马云这种长远布局的能力确实非一般人所能企及。

在近十年世界财富英雄榜上，有两个热门人物：一个是沃尔玛创始人萨姆·沃尔顿，另一个是微软掌门人比尔·盖茨。许多人都在探究他们创造财富的奥秘。

比尔·盖茨一言以蔽之说："我的眼光好"。

一句"我的眼光好"，这使多少人大跌眼镜？其实，你如果仔细研究萨姆·沃尔顿、比尔·盖茨这些财富英雄，就会发现，所谓"眼光好"，是一个具有复杂内涵的词，它所包含的不仅仅是"独到"。因为，在沃尔顿和盖茨之前，既有规模很大的连锁超市，也有在微电子、软件业中的行业巨头。

在中国市场上，前10年中，产生财富英雄最多的是通信行业、PC行业、农业和房地产业，而他们无疑是在这个行当中做得更优秀的企业。他们眼光好，是因为他们进入了一个高速增长的行当，使企业与财富的增长搭上了快车。

当然，有这样市场机会的企业毕竟是少数。企业家的眼光好，并不是要企业家都要搭上这个快车，而且决不能有这样的奢求。因为在我们选择的样本企业中，有70%的企业并没有这样的幸运，他们是另一种"眼光好"：如中集集团，用十年时间把集装箱生产做成了世界第一；格兰仕用8年时间把微波炉做成世界第一；而万向集团则用五年时间成为全球最大的汽车传动结合部件的生产供应商。

1995年，联想香港公司出现巨额亏损。作为上市公司，联想集团面临巨大的市场压力。但他们看好中国将要启动的大陆市场，结果不到一年时间，公司又重新获得新生。

从这个意义上说，眼光决定目标，而目标又是企业生存、成长的信心和信念。

任何企业都是从小公司做起来的。不管现在是世界上多么大、多么有名的企业帝国，他们起步时同样遇到过资金、产品、市场和人才的困难。

但公司可以是小公司，做法不能是小家子气。微软董事长比尔·盖茨除了"我的眼光好"外，还有一句"企业家要考虑未来"的名言。世界华人船王、台湾长荣企业集团董事长张荣发，赤手空拳用了不到20年时间，把一个远洋运输公司做成了世界排名第二的企业帝国。他说，不考虑未来、没有目标的企业家，是没有前途的。

李彦宏告诫跃跃欲试的年轻人：一定要有向前看两年的眼光。跟风、赶潮流，你吃到的很可能只是残羹冷炙。当年李彦宏在美国抛弃唾手可得的博士帽投入创业大军的时候，美国IT界最火的是电子商务。无数人拼了老命想要挤上这辆被看好的网络列车，甚至不惜抛掉自己熟悉的行业。

李彦宏没有跟随大流进入电子商务领域，而是悄悄走到了尚少有人问津的网络搜索领域。因为他看到了搜索对网络世界可能产生的巨大影响。

创业犹如下棋，优秀的创业者总能比别人多看几步。他们不仅要了解一项变化产生的反应，还要知道这个反应带动的更多波及效应。创业要有天马行空的想象能力，必须结合历史、现状的种种特征，充分发挥想象，去合理地推断未来各种的可能性。当然，特别要强调的是要基于事实证据合理谨慎推断，不是毫无事实依据地去幻想，尤其要区别"未来可能性"与"我希望"之间显著的差别。

马云微语录

"我觉得创业很重要的一点是，不是你的公司在哪里，有时候你的心在哪里，你的眼光在哪里更为重要。星巴克并不在纽约，在西雅图；肯德基不在纽约，在全世界都有。一定要有独特想法，等你有独特想法再推广也来得及。"

◎ 宁可淘不到宝也不能丢诚信

> 你要想做一个优秀的生意人，一个优秀的商人，一个优秀的企业家，你必须有一样最重要的东西，那就是诚信。诚信是一个基石，最基础的东西往往是最难做的。但是谁做好了这个，谁的路就可以走得很长、很远。

马云

一个创业者最重要的，也是最大的财富，就是诚信，没有人愿意和一个骗子打交道。"诚信至上"的确是马云的营销之道，它为阿里巴巴赢得了越来越多的客户的信任。他很赞赏犹太人的经商理念，认为做生意最重要的是讲诚信，刚开始创业时，他被几个深圳老板骗得晕头转向，人家把他当3岁小孩耍。可是今天马云的企业还存在，并且活得很好，而那几个人连同他们的企业早已销声匿迹。

要想带动整个互联网演进到"网商"时代，必须有完善的诚信体系护航。阿里巴巴的目标是在这个交易平台上建立一个诚信体系，最大可能地节约成本。

阿里巴巴推出"中国供应商"服务后，为了提高客户的诚信度和盈利水平，组织了多种形式的培训。为了构建自己的客户诚信体系，阿里巴巴先后推出了企业诚信认证方式——诚信通和支付宝担保交易模式，并提出"只有诚信的商人能够富起来"的口号，旨在以诚信打造信息流，建立完善的网上虚拟市场。

马云把诚信通定义为一个很管用的电子商务活档案，即阿里巴巴首创的交互式网上信用管理体系，它结合传统认证服务与网络实时互动的特点，将建立信用与展示产品相结合，从传统的第三方认证、合作商的反馈和评价、企业在阿里巴巴的活动记录等多方面、多角度、不间断地呈现企业在电子商务中的实践和活动。总之，只要是企业在阿里巴巴上任何一个小动作，无论是好的还是坏的，诚信通都会像档案一样如实地记录下来。这样的档案是公开的，谁都可以看得到。

在诚信普遍欠缺的今天，在互联网商务先天难以保障诚信的背景下，诚信通的出现具有里程碑式的意义。甚至可以说，诚信通像免疫疫苗一样，确保了阿里巴巴电子商务的健康成长。

诚信通的顺利实施，在于倡导者率先坚守诚信。在公司开会的时候，马云做了一个决定：如果阿里巴巴推诚信通，就要愿意去接受诚信通的考核，因为这里面有一套体系，如果阿里巴巴的网站不能坚持这个诚信，哪怕阿里巴巴只有两个诚信通会员，自己也要去做一个诚信通会员。后来阿里巴巴的会员越来越多，很多会员在自己的名片上印了诚信通的标志。

结果显示，诚信通的会员成交率从47％提高到72％。于是，从2002年开始收费、年付费用2300元的诚信通成了阿里巴巴盈利的主要工具，45000个网商的营收源让阿里巴巴日进100万元。

支付宝也是诚信下的一个产物。支付宝出现以前的电子商务流程中，买家和卖家在大部分情况下是不见面的。物流主要通过物流公司来解决，买家上网看中了货以后，双方可以通过诸如电话、网上聊天工具等手段来解决交易过程中出现的问题。然后买家把钱打到卖家的银行账户中，卖家在收到钱以后把货发出。在这个看似简单的过程中，买家承担着很大的风险。因为当他把钱汇给卖家的时候，他已经把交易主动权完全让给卖家，若是卖家拿了钱不给货买家也束手无策。这种交易的不安全性让众多有网购欲望的人望而却步。

支付宝很及时地解决了这个难题，承担起一个第三方的担保功能。2005年2月2日，支付宝又率先提出"你敢用，我就敢赔"的口号，推出"全额赔付"制度。这无疑又给买家打了一剂强心针，淘宝交易量也因此出现爆发性增长。

大凡一个成功的企业，在创业之初，都要经受诚信的考验。企业能够由小到大，由弱变强，甚至形成一种品牌，无一不需要诚信的支持。

诚信也是阿里巴巴招聘人才时的必考题。在很多人看来，像阿里巴巴这样的企业，门槛一定很高，想进入阿里巴巴一定很难。可马云却不同意这样的说法，他认为阿里巴巴对任何有才能的人都是敞开大门的，但前提是，这个人必须是一个讲诚信的人。

公司的诚信折射着企业家的人格魅力，一个成功的公司必定是一个诚信的公司——马云用自己的故事给大家上了非常生动的一课。试想，如果不是这种诚信为人的人格魅力，怎么会有那么多人愿意跟随马云一同创业，甚至在关键时刻为他两肋插刀！而如果不是因为诚实守信，马云从学校提前辞职，那么他很可能与成功擦肩而过。以诚信为源，厚积薄发，天时地利才成就了今天的马云。

毋庸置疑，诚信在企业经济活动中起着巨大作用，马云对诚信曾发表了这样的看法：

第一，要对客户诚信。企业要保证产品质量，杜绝假冒伪劣的商品；使企业的所有客户对企业的产品建立信心，有口皆碑，就自然而然地创造了名牌效应。同时，企业要以诚信待客，认真做好售后服务，真正把客户当作企业的衣食父母，对主要客户经常做回访，诚恳地征求对产品的意见。这样的企业就可以不断地走向成功，不断提高产品在市场的占有率和份额。

第二，要对员工诚信。诚信凝聚企业各个方面的管理人员的团队精神，企业发展与这种团队精神息息相关。在企业的内部管理中需要诚信，各部门领导和员工以诚相见，为公司发展集思广义，群策群力，万众一心，做到"言必行，行必果。"所谓人心齐，泰山移，这种团队精神的能量是不可估量的。

第三，要对股东和投资人诚信。资本在选合作伙伴的首选条件是了解该企业的资信情况，重合同、守信用的企业能得到各种风投和基金的青睐。同样在合资合作中对股东、投资人诚信，加深他们对企业的了解和信任，调动他们的积极性，为企业发展出谋划策，解决各种实际问题，帮助企业不断前进。

诚信第一——这是阿里巴巴的文化，也是诸多大型企业的文化。李嘉诚曾说："缺乏诚信的人永远只是一个小角色。"

李嘉诚真正发迹，靠的不是塑胶玩具，而是塑料花，当李嘉诚靠塑料花这个单品红遍香港后，就一直想把市场扩大到欧美等西方发达国家去，毕竟香港只是个弹丸之地，市场容量非常有限。有一天，一位加拿大外商拿着一个天量订单，找到了李嘉诚，在最终签约前，对方提出了两个条件：一是需要有一家实力强大的公司做担保，二是要实地考察李嘉诚的工厂。看似两个很常规的条件，对于刚刚起步的李嘉诚来说，却似两颗定时炸弹一样，随时都可能把这个天订定单给炸飞。李嘉诚回去后，磨破嘴皮子，说尽豪言壮语，也没有任何一家有实力的公司愿意为他的小公司做担保，这让李嘉诚有些心灰意冷。此时，有人建议他可以先花点钱，租用一间大工厂，冒充一下。李嘉诚坚决反对："即使订单泡汤，也绝不能糊弄别人，你要相信世界上每一个人都精明，要令人信服、并喜欢和你交往，那才最重要。"第二天，李嘉诚硬着头皮把加拿大外商请到了工厂里，如实向外商介绍自己工厂的情况，令李嘉诚倍感意外的是，外商刚走出车间，就要求与李嘉诚签订合约。李嘉诚面有难色地说："对不起，先生，我的工厂太小，没有任何一家有实力的本地公司愿意为我做担保。"外商笑着说："你的诚信，就是最好的担保。"

海尔集团董事局主席兼首席执行官张瑞敏也说："一个企业要永续经营，首先要得到社会的承认、用户的承认。企业对用户真诚到永远，才有用户、社会对企业的回报，才能保证企业向前发展。"

可以看出，诚信是无价的，是珍贵的，是企业的无形资产。伟大的商业游戏需要伟大的诚信，伟大的诚信造就伟大的商业和商人。做人和经商的最高理念、最高境界是坚持诚信，是至诚至信。做大做强企业的成功法则和制胜之道，也是如此。"诚信为本、操守为重"应成为一个企业时刻不能忘记的原则，也是做人始终要坚守的原则。

马云微语录

"诚信不是一种销售，不是一种高深空洞的理念，是实实在在的言出必行，点点滴滴的细节。诚信不能拿来销售，不能拿来做概念。市场经济已进入诚信时代，作为一种特殊的资本形态，诚信日益成为企业的立足之本与发展源泉。面对诱惑，不怦然心动，不为其所惑，虽平淡如行云，质朴如流水，却让人领略到一种山高水深，这是一种闪光的品格。"

◎宁可舍弃5000万也要关照客户

"一家公司不挣钱是不道德、不负责任的公司，股东给你钱是让你创造价值、员工开心，同时有良好的回报。这是阿里巴巴坚定的信念，这个信念让我们走了十年，也会让我们走好未来的十年。"

马云

在生意场上，放弃合作就等于自动向竞争对手投降。真正有智慧的创业者会把市场竞争看做一个蛋糕，客户是可以联合起来做蛋糕的最佳搭档之一，蛋糕做得越大，大家分得就越多。这样，长久以来，各方都能够得到一个满意的结果。对于阿里巴巴来说，"顾客第一"是理念，更是行动。

2008年的7月底，马云在写给阿里巴巴全体员工的信——《冬天里的使命》中详细阐述了阿里巴巴将要面对的严峻考验和坚持贯彻"客户第一，员工第二，股东第三"的原则，并以此明确了阿里未来10年的发展目标。

可以说，通过这封信，阿里巴巴全体员工了解了阿里巴巴的发展现状以及未来10年的发展目标，无论冬天是否真的已经来到，都树立起了员工的危机感。因此，这封信所起的作用恐怕要比马云在多次会议上大谈危机或强制下达命令等措施更有效。

更为重要的是，马云醉翁之意不在酒，他其实是想跟客户们传递这种危机信息，但是他又不能跟所有的中小企业写信，他思来想去，说不能给客户写信，那就给员工写信，这信一定会传出去的。传出去以后媒体开始炒，说阿里巴巴遇上冬天了、电子商务遇上冬天了，马云快不行了。

当时，阿里巴巴过冬一点问题都没有，他们拥有150亿的现金，公司收支平衡，但如果在阿里巴巴上创业的企业失败了，那要阿里巴巴干什么，所以马云觉得阿里巴巴有责任和义务帮助更多的客户度过危机。

因此，马云毫不犹豫降低产品定价，迅速给中小企业输血。马云还在开会的时候做出承诺："明天一季度我们利润为零，不需要利润，全力以赴帮更多的中小企业。"当时做这个决定是很痛苦的，有可能被股东、被投资者骂，也有可能会成功。为了"客户第一"，阿里巴巴的管理层还是做出了这个决定。

在经济如此艰难的情况下，阿里巴巴舍掉5000万去帮助客户是一个多么艰难和需要魄力的决定。不过，很多客户更感谢阿里巴巴，阿里赢得了更多客户。

看来，马云很明白"帮别人就是帮助自己，吃亏是福"这样的金玉良言。这同样也是很多成功企业家的待人处事的原则。李嘉诚就曾经说过："有时候你看似一件很吃亏的事，往往会变成非常有利的事。"为了信守承诺，为了让对方的损害降到最低而吃的亏，往往会变成一种福气和回报。

商人无利不起早，经营企业自然是以获取利润和效益的最大化为目的之一。不过，有人的地方就有江湖，有江湖的地方就有竞争与合作，别人之所以选择与自己合作，就是想共同获得成功，如果所有的钱都让一个人赚了，而对方一点不赚，这样的生意干不长，也不能干。

做企业，要懂得分享，利益均沾。做企业的人要心胸宽广，有舍得的勇气，有能够吃亏的魄力。那样，天下才会有做不完的生意。

马云微语录

"从商者很多时候被金钱蒙蔽，想尽一切办法把别人口袋的5块钱搬至自己的口袋里，结果败得很惨烈。你为什么不想想办法去帮助别人创富呢？"

◎ 演讲实录：看到浩瀚的宇宙，你就有了远见

2008年3月28日马云在湖畔学院讲话

我自己刚才也在反思阿里巴巴未来的战略，到底该怎么来领导？我们需要一个什么样的领导力？

我自己比较有幸见过许多优秀的领导者，我见过很多诺贝尔奖获得者，见过非常优秀的总统，像克林顿，也见过很多的优秀运动员、奥林匹克的金牌获得者，还有优秀的艺术家，我后来也在达沃斯世界经济论坛上见过各种各样的人。我发现这些人其实都是一样的，包括我见到过不少很朴实的农民。如果他做得好的话，一个优秀的耕地的农民和这个公司的领导者有着一样的境界。领导者在境界上其实是相通的，他们有共同的品质和思想。

今天不管领导什么，就算是一个农民，他想做好，也必须作为一个优秀的领导者来管理田里面的庄稼。他怎么分配他所有的资源，怎么去跟别人协调。反正，我听了大家的发言之后，感受到的其实不是我们将来做什么样的领导，而是做任何事情都需要领导力，都需要同样的品质和素质。

我自己也一直认为领导力最重要的是眼光、胸怀和实力。眼光就是一种远见，但怎么去理解远见？我自己也在思考。很多人觉得一个优秀的领导者，是要看到未来美好的东西。但这是一种动态的平衡。你要看到美好的东西，是要在别人低落的时候看到美好的东西，在人们骄傲的时候你要看到灾难的到来，所以要把握这个平衡的度。

什么时候你要讲好，什么时候你要讲坏，这是一种眼光、一种远见。远见是一个优秀的船长最重要的功能，他要能告诉大家，什么时候有风暴要来了，这是他的经验、他的眼光、他的远见。我觉得在不同的角度上，你比别人看得

更远、更宽、更长、更独特，这才是最关键的。

商鞅变法是被人恶骂的，王安石变法的时候也被恶骂，但由于商鞅变法，秦国发生了变化；由于王安石变法，宋朝发生了变化、后面的时代发生了变化。看待一个历史事件，我们要从长远的眼光来看。每个人的视野、视角要看得更宽、更远、更深、更独特，然后你才能抓住这个机会。大家都看得到的东西，凭什么你有机会？所以我觉得一个领导者，读万卷书不如行万里路。我周游全世界，是觉得自己实在是太渺小了。

我们还以为自己很牛，在自己的办公室、在自己的同事、员工和家人面前，哇塞，觉得自己很厉害。但是再走远一点看看呢，在世界上你微不足道。我是到了伦敦的格林尼治天文台才真正明白我是多么的渺小，那个宇宙是多么的浩瀚，地球像个灰尘的灰尘根本找不到，地球都找不到，更别说人啦。你要想到这些问题，你就有了远见。

第三章

C 谈危机意识：
HAPTER THREE

冬天有棉衣才不会被冻死

◎ 创业要随时做好失败的准备

> ❝ 创业前要做好一个心理准备，问自己如果失败了，怎么办？如果输不起，就不要玩，因为这样的失败对一个初次创业者的打击可能是致命的，可能会影响其一生。❞
>
> 马云

创业跟做任何事情一样，不做好准备就是准备失败。

也许有人会问创业不是为了成功吗？创业不是应该激情满怀吗？为什么要自杀豪气？

的确，创业需要激情和热情，但创业不会是一路坦途。据不完全统计，第一次创业的失败率就高达90％以上。那些成功者是从失败者身上跨过去的，这就是所谓"一将功成万骨枯"。

古人云："未思进，先思退"，创业尤需如此。只有对可能的失败做好准备，才能对即将面临的困境和挫折做出足够的防范和预知。

泡泡网创始人兼首席执行官李想，曾被评选为"中国十大新锐创业人物"。关于创业他曾说："随便去创业可以毁人一生。"他所说的"随便"，就是脑子一热冲动创业，或者在创业的过程中遇到问题或者挫折不知道如何是好。

复星集团的董事长郭广昌也是走过了一条酸甜苦辣的道路，他谈到创业时，有几点体会：

第一，创业者更多的时间和精力，要花在去体会市场上，要花在团队的沟通上，更多的要花在自己的独立思考上。如果很多时间都花在一些看上去很有道理的学习上，我觉得不见得非常有用。任何一个创业都不可能去复制别人的东西，所以必须独自面对困难、面对死亡、面对孤独。

第二，我们应该有超大的热情，应该有一个伟大的理想。但是在面对我们的第一步、第二步以及每一个创造过程当中，一定要冷静冷静再冷静，一定要从头起步，一定要脚踏实地。未来是美好的，但是未来的美好是要一步一步走过去的，千万不要别人给了你钱之后，获得第一次支持之后，你就以为还有第二次。必须珍惜每一分钱，珍惜每一个起步，所以在这个角度上，我更多地想给大家泼冷水，就是不要自以为自己的理想很伟大，就可以忘乎所以。

第三，创业失败的一定比成功的多，所以我们在做好积极准备的同时，更重要的是要为失败做好准备。我觉得自己之所以能走过来，更多的是想如果失败了会怎么样。这两者必须同时考虑，成功能带来什么？失败能带来什么？如果你没有为失败做好准备的话，我建议大家不要轻易去创业。

惨痛的失败经历，也增强了史玉柱的危机意识，他表示现在无论企业发展形势有多好，他都会每天提醒自己也许明天就会破产。当自己的企业发展到一定规模之后，安全是第一位的，发展已不是第一位的了。其次是在财务状况上要安全，有足够的现金储备。史玉柱不会乱投资，投错一个项目可能就是致命的，他只会做一些战略储备、短线投资。就像史玉柱所说的一样，东山再起以后，他已经变成了一个胆小的投资家。

史玉柱以开车的速度来比喻经营公司，为了安全，他始终将车开得非常稳。他觉得一个公司发展速度太快就很容易出事。他做项目也很谨慎，很多规模比他小的公司，有时会一窝蜂地做很多项目，史玉柱则像通竹竿，第一个项目做成功后，才考虑做第二个项目，一点点地往前推进。

事实上，慢有时候是为快服务的。他控制开车的速度，但基础打好之后，实际的速度并不比别人慢，甚至更快。有些人总想开快车，但控制不好就会撞车。

失败总是让人刻骨铭心，现在的史玉柱做项目都是先假设这个项目是失败的，比如网游，假如他现在失败了，他首先要考虑资金状况，公司能不能撑得住？思考有哪几点可能会导致失败？然后他再根据这些点一一想办法解决。这么一来，实际上这个项目的风险就降低了。

说到底，准备失败是为了让自己避免失败。创业不是一次性行为，如果你从来没有想过失败的话，则体系必然会存在漏洞，运营过程必然有某个环节还有所欠缺。当你开始就把它当成是一件不可行的事情，当成是一件会失败的事情，你才会认真思考是什么原因导致了失败，也只有这样你才可能在破坏发生之前把它完善。

马云微语录

"创业不是从憧憬成功开始，而是从准备失败开始！当然，从失败开始准备创业，还有一个关键的原因：假如你万一失败了，你承受得起吗？是的，成功需要进取，需要拼搏，需要勇往直前。创业是冲锋队，但冲锋队不是敢死队。就算是敢死队也一定不是送死队。在成功之前先想好自己是否能承受失败，以避免自己遭遇生命不能承受之失败。"

◎ 不要沉溺在所谓的成功里

❝ 我坚信冬天不一定每个人都会死，春天不一定每个人都会发芽；做企业每一天都是冬天。我在冬天跪着生存，不是希望有更多的人在冬天趴下去。竞争者是杀不掉的，最大的对手，是自己。❞

马云

19世纪末，美国康奈尔大学曾进行过一次青蛙实验，并提出了著名的"温水煮青蛙"理论：生于忧患，死于安乐。这个理论也旨在告诉现代企业管理者，必须具有足够强的危机意识和忧患意识，不能被成功迷住了心志，否则就感受不到来自外界的压力，就像在温水中被慢慢煮熟的青蛙，等到发现危险，再想跳出时却已无能为力，最终只落得个悲惨的下场。

其实，做企业要随时都有危机意识，因为风险和失败一直伴随企业的运营之中。就像马云所说："危机是危险中的机会。这个所谓的金融危机，是人类社会进入商业社会全球化的阵痛，人类社会要进入商业社会，走向全球化，就必须面临这样的挑战。"外表张扬的马云，其实内心中一直保持着出奇的冷静。他深知一次成功可能不会给人带来太大的改变，但一次失败却足以使人付出沉重的甚至是毁灭性的代价。因此，要成为真正的强者，就应该时刻保持一个清醒的头脑，认识到自身的优势以及不足，敢于否定自己，超越自己。

下面是一篇在IT业界流传甚广的文章，许多公司的老总都向下属推荐阅读，联想集团总裁杨元庆就是该文的积极推荐者。有人认为这是任正非为IT业敲响的警钟，也有人说任正非是"作秀"。不过，在华为2000财年销售额达220亿元，利润以29亿元人民币位居全国电子百强首位的时候，任正非大谈危机和失败，确实发人深省。

他在给公司的员工的信中这样写道：

公司所有员工是否考虑过：如果有一天，公司销售额下滑、利润下滑甚至会破产，我们怎么办？我们公司太平的时间太长了，这也许就是我们的灾难。泰坦尼克号也是在一片欢呼声中出的海。而且我相信，这一天一定会到来。面对这样的未来，我们怎样来处理，我们是不是思考过。我们好多员工盲目自豪，盲目乐观，如果想过的人太少，也许就快来临了。居安思危，不是危言耸听。

我到德国考察时，看到第二次世界大战后德国恢复得这么快，当时很感动。他们当时的工人团结起来，提出要降工资，不增工资，从而加快经济建设，所以战后德国经济增长很快。如果华为公司真的危机到来了，是不是员工工资减一半，大家靠一点白菜、南瓜过日子就能行，或者我们就裁掉一半人是否就能救公司。如果是这样就行的话，危险就不危险了。因为，危险一过去，我们可以逐步将工资补回来，或者销售增长，将被迫裁掉的人请回来，这算不了什么危机。有没有想过如果两者同时都进行，都不能挽救公司。

十年来我天天思考的都是失败，对成功视而不见，也没有什么荣誉感、自豪感，而是危机感。也许是这样才存活了十年。我们大家要一起来想"怎样才能活下去"，也许才能存活得久一些。失败这一天是一定会到来的，大家要准备迎接，这是我从不动摇的看法，这是历史规律。

……

现在是春天吧，但冬天已经不远了，我们在春天与夏天要念着冬天的问题。IT业的冬天对别的公司来说不一定是冬天，而对华为可能是冬天。华为的冬天可能来得更冷，更冷一些。我们还太嫩，我们公司经过十年的顺利发展没有经历过挫折，不经过挫折，就不知道如何走向正确道路。磨难是一笔财富，而我们没有经过磨难，这是我们最大的弱点。我们完全没有适应不发展的心理准备与技能准备。

……

沉舟侧畔千帆过，病树前头万木春。网络股的暴跌，必将对两三年后的建设预期产生影响，那时制造业就惯性进入了收缩。眼前的繁荣是前几年网络股大涨的惯性结果。记住一句话："物极必反"，这一场网络设备供应的冬天，也会像它热得人们不理解一样，冷得出奇。没有预见，没有预防，就会冻死。那时，谁有棉衣，谁就活下来了。

任正非通过充满感染力的文字来传达危机意思，体现了他面对企业危机问题时候的坦然和对呼吁员工树立危机意识的苦心。

微软之所以能雄霸天下，最重要的一点就是具有强烈的危机意识，比尔·盖茨的一句名言就是"我们离破产永远只有90天。"

海尔也用实践证明了这一点。早在1984年，海尔集团总裁张瑞敏当着全体员工的面，将带有质量问题的近百台电冰箱当众砸毁，使员工产生了一种危机感与责任感，由此创造出了一套独具特色的海尔式产品质量和服务，创造一个不同于其他企业的生存理念："永远战战兢兢，永远如履薄冰"。就是这种强烈的忧患意识和危机意识，时刻激励着每一名职工不断进取、不断创新，这也是海尔打开成功之门的钥匙。

一个优秀的CEO和领导者在给员工展示未来美好前景的时候，一定要保持清醒，不能沉溺在所谓的成功里，把经营的每一天都看作冬天。

马云微语录

"我把繁荣称为夏天，夏天要少运动、多思考、多静养。繁荣延续那么长，意味着冬天很快就来了。所以，我特别担心现在的繁荣。在繁荣时期或者说是夏天，最重要的工作就是准备冬天的来临。"

◎ 看到灾难比看到机会更重要

> **" 危机来的时候，我就有一种莫名的兴奋——我的机会来了。"**
>
> 马云

每一名管理者都痛恨危机，但危机的来临却并不以任何人的意志为转移。西方管理格言一语成谶地告诉我们：危机就如死亡与税收，对于企业及组织来说，都是不可避免的。既然血与火的危机考验是不可避免的，那么企业管理者就必须抛下愤怒、无奈、哀伤，以冷静、坚定的心态直视危机的来临。企业管理者应该明白：危机如何形成、危机爆发有什么样的扩散路径、危机爆发之后应该如何管理。

"危机管理"告诉你危机预警、危机处理、危机管理的方法，不仅能够帮助企业在面临危机时力挽狂澜，而且能让你不鸣则已，一鸣惊人。我国古代《兵经一百》里说："目前为机，转瞬为机；乘之为机，失之无机。"

在成功并购雅虎中国后，马云高兴地向他的员工宣布好消息时，也及时提出要开始对雅虎中国的业务进行整合，强攻搜索。因为，电子商务的发展实在绕不开搜索这道坎。而搜索正是阿里巴巴的软肋。另外，Google在美国的异军突起，也使马云注意到来自Google的威胁。

马云经过调查发现，eBay在美国处于一种尴尬境地。eBay的卖家很多，但钱都投到Google上去了。这些企业不光将广告投到Google上去，还将店铺也开到Google上去了。用Google一搜索，全是eBay卖家们开的店。从某种意义上，可以说Google也是电子商务。

阿里巴巴前CTO吴炯分析说："美国eBay是Google最大的广告客户，Google为eBay带来了相当大比例的客户流量，所以电子商务和搜索引擎的结合已经是必然的趋势。Google Base的推出相信会让eBay吓出一身冷汗，因为如果Google决定做电子商务的话，eBay会遭受沉重的打击。"

马云认为，尽管当时Google式的电子商务在中国还没有出现，但三五年后肯定会出现。他的预见使他没有盲目乐观于当下的喜悦，而是决定马上就采取措施来应对威胁，将灾难消灭于摇篮之中。

马云认为，对一个公司的CEO来说，更重要的不是看到机会，而是看到灾难，并把灾难消灭在摇篮里。他在《赢在中国》节目中就曾建议创业者，要预见灾难，而且千万不要把灾难当公关，不要觉得出现质量问题可以通过告诉媒体，然后再翻回来。要用好心态看到灾难，尽量避免出现这种情况。

作为领导者，CEO不仅要给大家指出一条通往光辉前程的康庄大道，更要做的事情是及时发现在这个通往光辉前程的路途中存有怎样的灾难。

马云以北京团结湖上被冻住的鸭子作比方，呼吁冬天里的变革。他说，这个鸭子一直和野鸭在一起，冬天来了，野鸭都飞走了，这个北京鸭不知道变化，就被冻住了。"假如你认为这是一个灾难，灾难已经来临；假如你认为这是一个机遇，那么机遇即将形成。去年我跟大家讲，灾难可能会来，现在我告诉大家，机会的形成已经开始，大家开始准备吧！""2002年互联网危机，那次我的口号是成为最后一个倒下的人。即使跪着，我也得最后倒下。我那时坚信一点，我困难，有人比我更困难；我难过对手比我更难过，谁能熬得住谁就赢。"

优秀的企业家必须学会比别人提前看到环境的变化，才能适应它，从而从中看到机会。

马云微语录

"每次打击，只要你扛过来了，就会变得更加坚强。通常期望越高失望越大，所以我总是想明天肯定会倒霉，那么明天真的打击来了，我就不会害怕了。你除了重重地打击我，还能怎么样？来吧，我都能扛得住。"

◎ 危机只不过是一个淘汰机制

> **在风平浪静的时候，一定要看到可能隐藏的危机。**
>
> 马云

在企业经营中，危机感是一种心理状态。这种危机感，不应该仅在企业处于危机状态时才萌生出来，即使处于顺境时，企业也应该有种危机意识。一个企业缺乏危机意识，无形当中是在给予对手打败自己的机会。我们纵观国内外众多企业经营案例，其结果无不如此。

比如，"手机王国"诺基亚长期处于手机市场的巨无霸地位，正在诺基亚自我感觉良好时，苹果、三星手机通过技术革新、采用新的市场营销策略等方式席卷全球智能手机市场，诺基亚市场份额锐减。正如未来学家托夫勒曾提出过"生存的第一定律"理论所言：没有什么比昨天的成功更加危险。可见，无论企业发展到什么时候，危机感都要始终存在。

只有在危机中展现出来的才华才是真正的领导力。2000年，马云经历了互联网寒冬，许多企业面临着倒闭或者已经倒闭。这个时候，阿里巴巴也处于高度危机状态。股东的脸色很难看，表示再不盈利就把网站拆了。当时，阿里巴巴的账面上只剩下能维持半年多的700万美元，更危险的是当时阿里巴巴还没有找到盈利的办法。面对这种情况，马云当机立断，宣布在全球范围内进行撤站裁员，启动了后来被马云称作"回到中国"的战略收缩。这次撤站裁员可谓惨烈至极：原来30人的香港办事处只剩下8人；在美国硅谷的30个工程师只剩下3人；设在上海的办事处减员到10人以下。

残酷的撤站裁员暂时化解了阿里巴巴的寒冬危机，为其赢得了宝贵的喘息时间。这一举措并没有从根本上解决问题，而且使阿里巴巴员工的士气大落。这时，马云显示了超强的在逆境中生存的能力，他在阿里巴巴内部掀起了一场别开生面的运动，做了三件大事：给员工灌输价值观；培训员工；提高销售人员能力。通过一系列举措，员工的士气得到了迅速回升，阿里巴巴终于有惊无险地度过了那个"寒冷的冬天"。

事实上，对于创业者来说，不仅自身要在危机和逆境中能够独当一面，还要尽可能地培养这种能力。因为，逆境能够塑造人才，能使企业具有生命力和凝聚力。能在逆境中顽强生存的人，在面对困难的时候，也会在危机中寻求转机，在危机中寻找财路。这是智者的谋略，很多成功人士都有过相似的经历。

柳传志先生总结了带领联想发展的近30年中，联想曾经历过的三次生死危机。

第一次危机是在20世纪90年代初期，我国贸易逐渐大面积对外放开，而联想在当时还只是一个小的电脑品牌，很快遭遇进入国内市场的IBM、康柏等国际巨头的冲击。这种情况下，联想产品与之相比，处于明显的劣势，市场占有率急剧下滑；这时，柳传志大胆启用青年才俊杨元庆，使联想在激烈的市场竞争中，不仅存活了下来，而且达到新高。

第二次危机是在20世纪90年代末，这时，戴尔公司以直销的方式在欧美市场所向披靡，很快，戴尔这股直销旋风来到中国，并在IT市场份额中给予联想重创。联想果断采用"双营销模式"，与戴尔在国内市场苦战三年，最终以联想全面胜利结束。此后，联想电脑市场占有率持续处于国内市场首位。

第三次危机是2004年联想在并购IBM的PC事业部后，由于尝试采用西方职业经理人等措施上的失误，使得联想经营状况一度恶化，尤其在2008年底，联想更是面临巨额亏损。在此背景下，年近七旬的柳传志先生复出，带领联想成功地实现扭亏为盈，并进一步将杨元庆等人培养成了具有国际化视角的团队管理人员。

诚然，联想所走过的这一系列危机，对于很多企业来说，可能是个奇迹。这也正如联想刚开始的英文名字"Legend（奇迹）"。

其实，生活和工作中，任何时候危机中都存在机遇，关键看我们采取了怎样的对待方法。无论是个人发展，还是企业发展，挫折与失败都是成长中难以避免的一部分。可以说，每一次成长和进步，都是脚下踩着挫折与失败走上去的。我们不妨试着跳出一般人的思维，换一个角度来看待"逆境"这个问题，那时你就会发现：逆境是一种优胜劣汰的选择机制，只有那些经得起考验的人，才能够脱颖而出，创造出一番不平凡的事业。

企业在遭遇挫折中，要不断总结经验，让自己逐渐强大起来，还要学会"转弯"，通过从一次挫折中的学习，想办法避免今后的挫折，从而尽可能实现企业的直线前进。

> "永远是在形势最好的时候改革，千万不能弄到形势不好的时候改革，下雨天你要修屋顶的时候一定麻烦大了。所以阳光灿烂的时候借雨伞，修屋顶。"

马云微语录

◎ 化解危机比存活更令人骄傲

> " 一个（员工）平均年龄26岁的公司，就像一个6岁的孩子突然长到了一米八，但是他智力水平实际上只有6岁。如果他自认为智力也有那么高，肯定会闯祸，我看到过很多这样的企业和实例。所以我们不断地提醒自己，我们今天才6岁，我们今天的基础还很差。"

马云

在2004年到2006年的两年中，阿里巴巴的新闻一直不断，无论是成功引入风险投资，创下中国互联网私募的新纪录，还是秘密造出叫板国际巨头eBay的淘宝网，还是挟10亿美元的巨资鲸吞雅虎中国等，来自阿里巴巴的具有爆炸性的新闻事件始终吸引着媒体的眼球。应该说，这两年来，马云和阿里巴巴一直生活在聚光灯下。但马云坦言这种日子并不好过。马云不是第一次面对这种不好过的日子。

2003年一场让全国上下恐慌的传染病侵袭中国，这就是"非典"。关于"非典"的恐怖，相信亲身经历过的人都有所了解。

当时阿里巴巴一位外出广州公干的员工回到杭州后，被诊断为"非典"患者，而阿里巴巴本部也迅速被杭州市政府列为重点防范对象。消息传开后，本部大楼里的员工纷纷外逃回家。到了第二天，公司的办公区域被完全封锁，员工也被隔离在家。阿里巴巴这个全球最大的B2B网站随时面临瘫痪的危险。还有同在一个大楼办公的其他公司的员工跑到阿里巴巴大吵大闹，甚至砸坏东西以泄愤。

可想而知，马云当时所面对的压力是多么大。

马云及其管理团队并没有被"非典"所带来的毁灭性的打击所击倒，而是异常镇静地化解了危机，并化危机为转机，在危急中抓住了商机，在危机中实现了大飞跃。

马云和他的团队是如何做到这一点的呢？

首先，马云亲自写了一封道歉信给员工，以示安慰和鼓励，激起员工的斗志。马云在信中写道：

这几天令我感动的是，面对挑战，所有阿里人选择了乐观坚强的态度，我们互相关心，互相支持。在共同面对"非典"挑战的同时，我们没有忘记阿里人的使命和职责！灾难总会过去，而生活仍将继续，与灾难抗争不能停止，我们继续为自己钟爱的事业奋斗！

其次，以SOHO抗非典，改集中办公为分散办公。事发3小时后，500名员工分散完毕，随即在各自家中安好电脑，照常办公。

再次，网上指挥，网上管理。在非典期间，500名员工在各自家中工作，公司高层则在网上遥控。

在整个非典期间，马云及其团队不但维持两大网站的正常运转，还使公司的业绩激增5倍，这绝对是个奇迹。当然，这里面也有一定的客观因素：由于隔离将传统的销售渠道封闭了，反而让一些人的注意力转移到了互联网，开始尝试电子商务，而阿里巴巴无疑是最好的选择。

马云利用非典危机，尝试网上生存，网上交易，同时为客户化解了危机，一举把互联产业从冬天带到春天。

近年来，许多行业、企业相继遭遇了一些品牌危机，有食品安全方面的、有汽车安全方面的，等等。这一方面给消费者带来了身体和心灵上的伤害，另一方面被媒体披露后，导致了企业或行业在一段时间内陷入信任危机。轻则要与消费者对簿公堂，赔偿消费者的损失；重则让社会对其产品产生不信任感，产品在市场上如过街老鼠，人人喊打，企业最终难逃破产倒闭的命运。

然而每个企业都应该掌握的是：在危机发生之后，如何能让消费者接受企业的解释，如何在最短的时间内做出一系列紧急决策。如果处理及时、得当，不但能挽回损失，还能树立新形象。美国强生公司因成功处理泰诺药片中毒事件赢得了公众和舆论的广泛同情，在危机管理案例历史中被传为佳话。

1982年9月，美国芝加哥地区发生有人服用含氰化物的泰诺药片中毒死亡的严重事故，一开始死亡人数只有3人，后来却传说全美各地死亡人数高达250人。其影响迅速扩散到全国各地，调查显示有94%的消费者知道泰诺中毒事件。事件发生后，在首席执行官吉姆·博克的领导下，强生公司迅速采取了一系列有效措施。首先，强生公司立即抽调大批人马对所有药片进行检验。经过公司各部门的联合调查，在全部800万片药剂的检验中，发现所有受污染的药片只源于一批药，总计不超过75片，并且全部在芝加哥地区，不会对全美其他地区有丝毫影响，而最终的死亡人数也确定为7人，但强生公司仍然按照公司最高危机方案原则，即"在遇到危机时，公司应首先考虑公众和消费者利益"，不惜花巨资在最短时间内向各大药店收回了所有的数百万瓶这种药，并花50万美元向有关的医生、医院和经销商发出警报。对此《华尔街日报》报道说："强生公司选择了一种自己承担巨大损失而使他人免受伤害的做法。如果昧着良心干，强生将会遇到很大的麻烦。"泰诺危机管理案例成功的关键是因为强生公司有一个"做最坏打算的危机管理方案"。该计划的重点是首先考虑公众和消费者利益，这一信条最终拯救了强生公司的信誉。

事故发生前，泰诺在美国成人止痛药市场中占有35%的份额，年销售额高达4.5亿美元，占强生公司总利润的15%。事故发生后，泰诺的市场份额曾一度下降。当强生公司得知事态已稳定，并且向药片投毒的疯子已被拘留时，并没有将产品马上投入市场。

当时美国政府和芝加哥等地的地方政府正在制定新的药品安全法，要求药品生产企业采用"无污染包装"。强生公司看准了这一机会，立即率先响应新规定，结果在价值12亿美元的止痛片市场上挤走了它的竞争对手，仅用5个月的时间就夺回了原市场份额的70%。强生处理这一危机管理案例的做法成功地向公众传达了企业的社会责任感，受到了消费者的欢迎和认可。强生还因此获得了美国公关协会颁发的银钻奖。

原本一场"灭顶之灾"竟然奇迹般地为强生迎来了更高的声誉，这归功于强生在危机管理中高超的技巧。

纽约前市长鲁道夫·朱利安尼在一本书中写到：所谓的领导，就是在享受特权的同时，承担起更大的责任，在风险或危机来临时，有勇气站出来，单独扛起压力。危机往往不可避免，一个卓越的管理者的高明之处就在于怎样"转危为安"，甚至"化危为机"。处理危机和突发事件是每一位管理者必须面临的挑战，也是修炼和提升领导力一项重要的内容。

马云微语录

"我给创业者们一个建议，千万别把灾难当公关看，千万不能觉得质量问题可以通过告诉媒体而会翻回来。质量问题就是质量问题，必须把质量问题解决清楚以后才能谈公关，公关只是个副产品。千万别开始的时候就说我要把这个灾难变成好事，你的心态是这样的话，今后你的员工会不断制造灾难。"

◎ 演讲实录：别人淹死的时候，你要学会克服内心的恐惧

2008年11月1日马云在集团内部会议上讲话

我真心认为这对我们是好事，标志着互联网进入到电子商务时代。经济好的时候，没有人会去想创新，没有人会愿意采用真正能够改革自己未来的东西。

前两天我在日本讲，这次金融风暴将使人类进入新的商业文明。这次金融风暴也标志着人类将真正革新工业企业，所有的企业将真正进入到信息化领导的时代。

我们电子商务企业应该在这次金融危机以后，在企业开始恢复生产的过程中帮他们更加信息化、更好地管理、更准确地把握市场以及更加适应市场的需求。假如说有一个诺亚方舟能够帮助企业度过寒冬、能够帮助企业走出困境的话，这个诺亚方舟就是电子商务。

所有人都讲中小企业死得很快，最近中小企业越来越艰难，但是你们去看一下，可以统计一下，会发现使用电子商务的中小企业，使用阿里巴巴诚信通、中国供应商的企业，其死亡率远远低于没有采用信息技术的企业。

我并不认为是阿里巴巴起到了多大作用，而是这些企业本身在寻求创新，寻求新的方法，是它们想活下来的精神起到了作用。在大难、地震发生的时候，谁能帮你？谁都不能帮你。只有你告诉你自己说我想活，你才可能活下来。

因为想活着，所以我们才能诞生"猪坚强"。

想告诉大家的是，今天使用阿里巴巴，使用电子商务的所有企业，为什么他们的存活率比大家高？这源自于他想活下来，他想突围，他想尝试新的生命力。所以电子商务一定是帮助了绝大部分想活下来，想创新的企业。

　　电子商务能解决问题，很重要的原因在于它是个性化订制，小规模生产，附加值高，利润高。我们到广东调研时，小企业都告诉我，价格爱涨不涨，我这个价格就是这样。我觉得这种企业有自信、创新、想活下来的能力，是电子商务最重要的客户。

　　一会儿卫哲会跟大家宣布"狂风计划"，就是找出这样的企业，让他们成功。让那些不相信科技、不相信创新、不想活着的企业，该死就死吧！天下没有人能够帮助你，只有你能帮助自己。

　　我听过一个故事：有一个人死了，到了天堂里跟上帝说，我相信了你10年，你说你会救我，但你从来没有救过我。上帝问你怎么死的，他说我被洪水淹死了。上帝说你淹死前在做什么？他说我就坐在一个小小的岛上，看着水慢慢地上来，就等着你来救我。上帝说我来救过你啊，有一块木头漂过来你没有跳上去；有艘船要救你上去，你说你在等上帝；又有一块泡沫漂过来，你只看了看它，你根本就不想上去。你死，因为你不想活了。

　　其实，严格讲，无论是企业还是人，在最困难的时候，边上一定有机会，但是你脑子里、眼睛里看到的全部都是恐慌，你丧失了理智。就像去年阿里巴巴上市的时候，股价上涨到四十元、三十八元，那时脑子里想到的只是钱，而今天所有的人脑子里看到的全部都是恐慌。

　　恐惧的时候，人们更要学会用脑子来思考。脑子是用来思考的，眼睛是用来捕捉机会的，手是用来抓住机会的。想活下去的人是会把机会变成真正机会的人。

　　在未来的几年里，我们希望为中国创造一代新的企业家，我们要为中国创造一个新的出口企业群。

第四章

C谈创业心态：
HAPTER FOUR

万变的是方法，不变的是
永不放弃

◎ 创业如此艰难，你要内心强大

> ❝因为我们在路上，不想往回走，不想停下来，那你就迎峰而上。❞
>
> 马云

每位创业者都渴望成功，但都应清楚地意识到，成功并不是一件容易的事。在和平年代创业，与在战争年代打一场胜仗，其困难程度是相当的，所以人们才将经济领域的竞争称作"没有硝烟的战争"。

在这场没有硝烟的战争中，每位创业者都会遇到很多难题，比如市场开拓不顺利、商品没有价格优势、缺乏扩大投资的成本、整个行业突然遭遇冬天等各种各样的难题。通常，这些问题都难以解决，如果你没有非凡的勇气和决心，很可能就挺不过去。放弃是解决问题的最"直接"方法，却也是最坏的方法。

2012年这一年，用马云的话说，"从来没想过会这么痛，这么苦。我其实已经有预感，12年是一个本命年，本命年麻烦多，但我没想到会有这么多"。

本命年在民间也被称为"坎儿年"，2011年年初爆发的阿里巴巴B2B平台欺诈事件，成为阿里集团本命年的第一道坎儿。随后，淘宝网维权事件、支付宝所有权转移事件、围攻淘宝商城事件接踵而至。

面对这四道坎儿，麻烦缠身的阿里集团欲寻求变革和突破，比如，将淘宝一分为三、联合国外资本尝试部分或全部收购雅虎股份、淘宝商城更名，以及推出独立购物搜索引擎一淘网等。这些变革与上述麻烦密切相关，甚至就是一体两面。

马云对此总结称："无论是支付宝事件，还是年初阿里巴巴的诚信问题，跟别人去辩论没有用。要改变自己，完善自己，我想这就是我们所认为的建设性破坏"。

外界舆论质疑，不看好，内部人没有底气，在内外交困的情况下，马云的困难，可想而知。

坚持就是胜利，这话真是真理。因为从未放弃过自己的梦想，一年多过去了，马云和他的团队熬过了阿里巴巴的"冬天"，看到了春暖花开。

"创业是很艰难的，中间会有无数的错误和臭棋。但今天是臭棋，过几年也许就变成好棋，关键是你要走下去。绝大部分创业者死在不坚持的路上，只要你坚持，总会有机会走出来。"

这不是危言耸听，更不是夸夸其谈，这是马云在历尽坎坷、备尝创业艰辛之后的真情告白。

在生活中，无论你正在遭受怎样残酷的困难和挫折，哪怕遇到一个看似迈不过去的坎儿，也不要一味悲观，换个心情，调适一下，继续上路，相信时间会给你一个公平的答案。

马云微语录

"如果你没有在创业路上摔100个跟头的准备，你不要创业；如果你没有无数次被拒绝甚至被嘲讽的准备，你不要创业；如果你没有做好'被全世界人抛弃'的准备，你不要创业。所以，创业路上，苦难是我们最好的朋友！"

◎ 像追求初恋一样追求梦想

> 如果你七天不吃东西，可能会死，如果三天不喝水或持续三分钟不呼吸，你也可能会死，但如果仅仅是短时间丧失了信念与梦想，却肯定会死。

马云

马云在回顾阿里巴巴的创业历程时，总结了企业创新发展的经验，其中有一条就是：坚信自己认定的东西。

马云认为，任何创业者一定要坚信自己在做什么，一定要坚信自己是正确的，这样才会有成功的可能。在创业的过程中，尤其是前四五年以内，任何一家创业公司都会面临很多的抉择和机会，在每个抉择和机会过程中，你是不是还是像第一天，像自己初恋那样记住自己的第一次的梦想，在原则面前你能不能坚持原则，在诱惑面前能不能坚持原则，在压力面前能不能坚持原则，至关重要。最后明确想干什么，该干什么以后，再给自己说，我能干多久，我想干多久，这件事情该干多久就做多久。

马云曾在2005年"阿里巴巴社区大会"上发表了这样的演讲：

"我们把雅虎的首页彻底改变，600个人在600个不同区域同时打仗，赢的概率很小，600个人集中在一个区域打仗，胜利的希望会很大。如果做版主的脑子想的是赚钱，想的是拉帮结派，往往会在文字里显露出来，你心里有这样的想法时，你的语气、语态都会显露出来。

"我们创业时有30几家竞争者，我记得现在全部关门了，只有我们一家还活着。我们是坚持梦想的人，所以能走到今天。我们今天没有放弃第一天的梦想，我们还要走下去，我们还要走96年。从我们第一天说要把阿里巴巴持续发展80年起，我们就没有改变过，今天我们说要做持续发展102年的公司，成为世界最大的互联网电子商务网站。

"……我们阿里巴巴前5年完成第一个目标，是'meet at alibaba'，我们跟我们员工做了汇报，电子商务谁也说不清楚它是什么东西，专家太多了，我刚刚参加教育部的电子商务教科书的研讨会，据说全国有278所大学都开设了电子商务专业。电子商务专业的学生毕业出来以后很头痛，这些专家真的不知道从哪儿讲，我觉得真正说要是讲电子商务，你们（论坛版主）去讲是最合适的。

"对于电子商务最专业的人是第一批版主，是阿里巴巴和淘宝网这样的网络客服人员，未必是技术人员，不管他们讲什么理论，你不信去网上卖点东西看看。如果我们在阿里巴巴上搞一次网上知识竞赛的话，我们的员工肯定不如你们懂得知识多。

"实际上电子商务专业的教科书应从你们这里写起，实际上教科书就应讲怎么做生意，怎么交流。大家都是在同一个行业内，大家都沟通这么好，没有网络这一切是很难做到的，但是我们今天做到了。"

在不同的时期和时间段，每个人会有不同的梦想。而在这众多的梦想当中，往往最初的梦醒是最美好的，因为它可能比较理想化，实现起来不容易，正因如此，很多人在实践过程中每遇到一些困难，就会让自己最初的梦想打些折扣，长此以往，当把自己后来的梦想与最初的梦想相比较时，梦想已经面目全非了。而这些总是因为困难而改变自己最初梦想的人往往是很难成功的。

创业之路充满艰辛，如果缺乏强烈的意愿，就很难坚持到最后。所以，对于有志于创业的人来说，一定要牢记马云的忠告，像坚持初恋一样坚持自己的梦想。

马云微语录

"初恋是最美好的，每个人第一次恋爱最容易记住，每个人初次创业的时候理想是最好的，但是走着走着就找不到这条路在哪里了，我们是坚持初恋的人，我们是坚持梦想的人，所以能走到今天。我们今天没有放弃第一天的梦想，我们还要走下去。"

◎ 用左手温暖你的右手

❝ 这个世界上比你能干、比你有条件干的人很多，但比你更想干好这件事情的，全世界只有你一人。因而创业者不仅要给自己一个梦想，一个承诺，还要给自己一份坚持。❞

马云

当互联网遭遇困境，进入冬天的时候，很多人都唯恐避之不及，都希望互联网的冬天越短越好，此时，马云却说了这样一句话：希望互联网的冬天再延长一年。

当有人问及此事时，马云说："我想我们比较运气，我们先比别人判断到了冬天的到来。我记得我们比别人先动了一下，然后果然到后来互联网冬天到了，所有投资者开始收的时候，我们突然发现自己还有两千多万美金。那在这个时候你会发现竞争者的时候，你去跟他拼，不管多累多苦，哪怕就是半跪在地下，你也得给我站在那儿，如果整个互联网公司都死光了，就剩下我们。"

其实，马云所说的"跪"是指站不稳了，跪在那儿坚持住，但不要躺下、不要倒。所谓冬天长一点，春天才会美好，细菌都死光了，边上的声音噪音都会静下来的时候，你还站着的话就会成为所有投资者最青睐的人，你也会成为整个互联网界最喜欢的人。在危机和困难降临的时候马云总是给他的团队讲这样的话来自我安慰和鼓励，以至于在整个2002年阿里巴巴的关键字就是"坚持到底，就是胜利"。

冬天，很冷很残酷，那些站在冰天雪地里的人终有一天因为熬不住而倒下，那个最后一个还站立着的人就会不战而屈人之兵，成为胜利者。这就是马云过冬理念的精髓。因为他认为竞争者是杀不掉的，他们一定是自己杀掉自己的。环境会杀掉它；产业的变化会杀掉它；自狂会杀掉它；自己看不起自己会杀掉它；自己踩错点更会杀掉它。所以他认为最大对手还是自己。

很多时候，当我们遭遇了挫折和苦难，不可能每次都有人能及时提供给我们帮助，这时候我们不能"坐以待毙"，而是要学会自我安慰、自我救赎，自己给自己温暖和力量，只有这样才能继续前行。

马云微语录

"在没人温暖你的时候你要学会左手温暖你的右手。2002年我在公司的员工大会上说，今年的主题词，就是活着，所有人都得活着。如果我们活着，还有人站在那边的时候，我们还得坚持下去，冬天长一点，它会倒下去的。"

◎ 绝望的人不会有成功的希望

> ❝我最欣赏两句话，一句是丘吉尔先生对遭受重创的英国公众讲的话：'Never never never give up！'（永不放弃！）另一句就是：'满怀信心地上路，远胜过到达目的地。'❞
>
> 马云

当一个人遭遇了无数次打击，承受过无数次委屈和痛苦，依然不改初衷，那么我们可以肯定这个人是坚强和自信的。信心来自信念和眼光，而长远的眼光并非人人都具有，坚定的信念更不是人人都具有。马云之所以成功，就在于他不但有长远的眼光，而且有极为坚定的信念。

创业之初由于资金匮乏，公司举步维艰。为了寻找资金，马云为拉投资费尽心机。1995年下半年，终于有几个深圳老板主动到杭州找马云，说愿意出资20万元，做黄页的代理。马云一听激动万分，立刻将公司模式，技术支持和盘托出，老板们听完说还没弄明白，马云便派技术人员到深圳，昼夜不停地为其建立系统，老板们终于满意了，通知马云三天后到杭州与黄页签合同。马云苦等了三天，音信全无，再催，得知老板们刚刚开过新闻发布会，拿出来的东西与黄页的一模一样。此时马云才知道受骗了。

"当时真受不了，但我还是把它扛下来了。"事后马云这样说。到了年底，经过8个月的苦苦打拼，公司的账目已经接近平衡，营业额也已突破100万元。

一年之后，新生的互联网市场的竞争骤然激烈起来，几乎一夜间冒出了好几家堪称强大的竞争对手。隶属于杭州电信的"西湖网联"是中国黄页最强劲的对手，可以说两者根本就不是一个重量级的。"西湖网联"是由政府撑腰的企业，财大气粗不说，更是垄断着网络技术平台，而中国黄页就像秋风中的一片飘叶，没有根儿，孤零零的。两者在人们的眼中，一个是正规军，一个是游击队。不过马云还是在夹缝中寻找到了生存的办法，把"西湖网联"落在了身后。

不过，中国黄页取胜并不能化解公司面临的危机。资金匮乏，资源匮乏，信息匮乏仍然是中国黄页的三大制约因素。马云把新闻、体育、文化装进中国黄页的想法泡汤了，把中国黄页变成中国雅虎的壮志难酬，也使把中国黄页总部放在北京的计划根本无法实现。

为了生存和长远发展，为了得到资金支持和政策上的扶持，马云思前想后，决定与"西湖网联"合资。这样中国黄页以资产折合人民币60万元，占30%的股份，与"西湖网联"所属的南方公司投资140万元，占70%的股份达成了合资协议。有了资金支持的中国黄页业务扩展大大加快，到了1996年年底，营业额突破了700万，顺利实现盈利。

可是令马云没想到的是，南方公司悄无声息地注册了一家全资公司，名字也叫"中国黄页"，并建立了一个"chinesespage.com"网站，与中国黄页的"chinapage.com"非常相近。新黄页利用老黄页之名开始分割老黄页的市场，并大打价格战。马云遭受的打击可想而知，就像自己辛辛苦苦养大的孩子突然被人抱走了，而自己对这种局面却无能为力。为了保住黄页的品牌和价值，马云愤然提出辞职。

离开黄页对于马云来说，不啻自断其臂。毕竟中国黄页曾是他的所有事业和未来，是他的全部希望和梦想！

不过再次遭到打击的马云并没有绝望，他自创业以来，承受的各种打击太多了。这一次马云直呼让暴风雨来得更猛烈些吧。马云说："苦难是我们最大的财富，也是成功的重要原因；别人可以拷贝我们的网站，但无法拷贝我们五年的苦难。"

在后来的"互联网的冬天"，很多网站都倒下了，而阿里巴巴能够度过一个又一个关口生存下来。马云后来将这一切归功于自己永远对未来充满然希望。也正是在希望信念的支撑下，一路走下来，他的梦越做越大；也正是在希望信念的支撑下，不断创新和突破，直到找到一个方向为止，跌倒了爬起来，又跌倒再爬起来。如果说成功有秘诀的话，就是怀揣希望永不放弃。

联想"教父"柳传志认为创业要成功最重要的是：目标一旦确定，就要咬定青山不放松，不管遇到什么挫折，都要坚定地一步一步向前走。只有不怕挫折，才能创业成功。要敢于把5％的希望变成100％的现实，因为是5％说明还是有一定希望的，那么就要坚定不移地把它做成功。

一个人既然选择了走创业这条路，就必须一直坚持下去。暂时的失败不代表永远的失利，一时的成功也不表示将来的成功。只有心中充满希望，并在理想的道路上坚持下去，永不放弃，才能获得最大的成功。

马云微语录

> "永远不要跟别人比幸运，我从来没想过我比别人幸运，我也许比他们更有毅力，在最困难的时候，他们熬不住了，我可以多熬一秒钟、两秒钟。最大的失败是放弃，最大的敌人是自己，最大的对手是时间。"

◎ 永远为你所激情的事情激情下去

> " 我见过全球那么多企业家，人家说我疯子，他比我疯多了。"
>
> 马云

你知道创业者最大的特点是什么吗？是冒险。

你想要创业，首先，你必须是一个"疯子"！道理很简单，创业本身就是一项冒险活动。科学研究发现，敢于冒险的人心理承受能力远远强过普通人，而创业正是最需要强大心理承受能力的一项活动。

当人们在冷天游泳时，大约有三种适应冷水的方法。有些人先蹲在池边，将水撩到身上，使自己适应之后，再进入池子游；有些人则可能先站在浅水处，再试着一步一步向深水走，或逐渐蹲身进入水中；更有一种人，做完热身运动，便由池边一跃而下。

据说，最安全的方法是置身池外，先行试探；其次则是置身池内，渐次深入；至于第三种方法，则可能造成抽筋甚至引发心脏病。

但是相反的，感觉水最冷的也是第一种，因为置身较暖的池边，每撩一次水，就造成一次沁骨的寒冷，倒是一跃入池的人，由于马上要应付眼前游水的问题，反倒能忘记了周身的寒冷。

与游泳一样，当人们要进入陌生而困苦的环境时，有些人先小心地探测，以做万全的准备，因为知道困难重重，而再三延迟行程，甚至取消原来的计划；又有些人，先一脚踏入那个环境，但仍留许多后路，看着情况不妙，就抽身而返；当然更有些人，心存破釜沉舟之想，打定主意，便全身投入，由于急着应付眼前重重的险阻，反倒能忘记许多痛苦。

在生活和工作中，我们该怎么做呢？如果是年轻力壮的人，不妨做"一跃而下"的人。虽然可能有些危险，但是你会发现，当别人还犹豫在池边，或半身站在池里喊冷时，那敢于一跃入池的人，早已游到了很远的地方。

敢于一跃而下的人通常比较果断，比别人快，比较敢于冒险，因此，能把握更多的机会，所以往往是成功者。在创业的路上，同样需要敢于冒险的勇气。

不可否认，马云是就是一个具有冒险精神的狂人。这种疯狂源于他内向澎湃着的创业激情。

马云对互联网，对电子商务的渴望程度之强烈，从他创业之初毅然辞去大学教师的职务就可看出。由于创业之初互联网不为人知，马云及其同他创业的朋友们不得不承担起宣传和普及互联网的重任。没钱做广告，他们就一家一家地演示游说。为了宣传互联网，马云不放过任何机会，他像着魔一般逢人就讲。有人甚至在杭州的大排档里见到马云手舞足蹈地向身边的市民大侃互联网。马云那时的角色，就是狂热的义务宣传员和疯狂的推销员，甚至被人斥为"疯子"。提及此事，马云毫不在意地说："我有一副天生的好口才，为什么不能在大街上宣传我的公司？"

精诚所至，金石为开。马云他们终于拿到了第一单生意。这一单的支票是一家民营衬衫厂付的，虽然只有1.5万元，毕竟是中国黄页业务的第一次真正意义的突破。

为了拿下一家杭州企业的生意，马云一连跑了五趟。但企业老板怀疑电子商务是骗人的东西。为了说服这位老板，马云收集了大量有关电子商务的资料，一遍又一遍向他讲解电子商务是一种新型商业模式，在网上做广告比在其他媒体上做有更广泛的效应。任凭马云费尽口舌，老板还是将信将疑。面对这块难啃的骨头，马云没有放弃。临走时他向老板要了一份企业的宣传材料，几天以后马云带着一台笔记本电脑又杀了回来，当他看到了电脑上显示的自己企业的网页时，终于同意付款。

马云也非常重视保持团队的激情，他把激情写进了阿里巴巴的价值观。他说，年轻人都有激情，但年轻人的激情来得快去得更快，持续不断的激情才是真正值钱的激情。你可以失去一个项目，丢掉一个客户，但你不能失去做人的追求，这就是激情。失败了再来，这就是激情。"电子商务是一个新的领域，我们最重要的是永远为你所激情的事情激情下去。"

　　所以，老公司也好，刚刚创业的新公司也罢，在团队建设时都应注意激发团队的激情，只有把团队的激情激发出来，才能使团队得到更加持久稳定的发展，使团队壮大起来。

马云微语录

　　"创业者的激情很重要，但是短暂的激情是没有用的，长久的激情才是有用的。一个人的激情也没有用，很多人的激情才有用。如果你自己很有激情，但是你的团队没有激情，那一点用都没有，怎么让你的团队跟你一样充满激情地面对未来，面对挑战、是极其关键的事情。"

◎ 坚持不是愚蠢的偏执

" 我疯狂，但决不愚蠢。"

马云

创业需要胆量，需要冒险。但创业毕竟不是赌博。创业家的冒险，迥异于冒进。有这样一个故事：

一个人问一个哲学家，什么叫冒险，什么叫冒进？哲学家说，比如，有一个山洞，山洞里有一桶金子，你进去把金子拿了出来。假如那山洞是一个狼洞，你这就是冒险；假如那山洞是一个老虎洞，你这就是冒进。这个人表示懂了。哲学家又说，假如那山洞里的只是一捆稻草，那么，即使那是一个狗洞，你也是冒进。

这个故事是说，冒险是这样一种东西：你经过努力，有可能得到，而且那东西值得你得到。否则，你只是冒进，看都不看，单刀直入，要死多快有多快。创业者一定要分清冒险与冒进的关系，要区分清楚什么是勇敢，什么是无知。

感性和理性都是人的性格的体现，有的人感性思维多一点，所以在做事上很大胆，但常常意气用事；而有的人理性思维多一点，在做事上很谨慎，却显得有些畏首畏尾。对于年轻的创业者来说，感性和理性都是不可或缺的，两者应该同时具备。创业者的感性形成了领导魅力，理性则造就了规范和秩序。那么，创业者如何能把两者运用得当呢？这对于刚刚走上创业道路的年轻人来说，是一个很难拿捏的尺度，也是一个很好的考验。

人最大的痛苦也是理智与情感的冲突，马云身为企业家，本应是用理智说话的经济思维，却充满着激情，但这个激情极少跑出他理智的框架。他的语言表述尤其具有激情的感染力，但这种激情牢牢地服务于他所表达的主题，而这种激情不是煽情，是那种可持续的始终蕴藏得很深的东西。

当一个人视野短浅、不能审时度势而又思想缺乏深度时，最容易出现的问题就是偏执。他们会认为自己所看到的世界就是全部，会固执地认为自己的绝对正确，认为他人都是思维层次低于自己的异端，无法接受他人生活方式的多元化及思维方式的多元化。

为什么会偏执？

庄子在《秋水》中对此有一段很好的诠释："井蛙不可语于海者，拘于虚也；夏虫不可语于冰者，笃于时也；曲士不可语于道，束于教也。"意思是说你跟井里的蛤蟆讲大海多大讲不通，因为它被狭小的生活环境所局限；你跟夏天里的虫子讲冰什么样子，也讲不通，因为它受到气候时令的限制根本没见过；不可能跟乡下的人论道，是因为教养的束缚。

创业需要的是理性的坚持，而不是愚蠢的偏执。读过德鲁克著作的人大多记得他的一个著名说法：比起正确地做事，做正确的事情更重要。

年轻人的特点是思维活跃、充满激情，但易冲动。所以说，对于年轻的创业者来说，在决策时，不能畏首畏尾，想得太多，但也不能什么事完全凭感觉，一拍脑子就定下来，要保持一定的理性，否则你的创业之路迟早会出现波折。

我们在创业遇到挫折和失败的时候，到底是该坚持还是放弃？这就需要创业者认真思考两个方面的问题。

第一，我们为什么坚持？

明确的目标是支撑我们坚持下去的驱动力。在明确自己的目标之后，合理地安排实现目标的步骤和计划，并按照这个计划脚踏实地地实施，这样，目标就形成了一股前进中的动力，不断地推动你前进。有许多人不切实际地盲目幻想着人生的目标，比如说刚刚赚了几块钱，就幻想着成为世界首富，当你问他能否实现这些目标的时候，他会说通过自己的努力一定会成功的。不错，有个远大的目标很好，可是，当你问他打算怎样实现这个目标的时候，我想一般人会说，这个问题我还没深入考虑。这样不去实现的目标充其量只是美好的愿望和幻想罢了。

所以，我们要明确目标，并为实现目标寻找无限的动力，并且这个目标要切合实际，不要空想，而是要有坚定的信念去实现它。对于大多数年青创业者而言，也同样要问一下自己："我们为什么要坚持？"

第二，我们凭什么坚持？

"坚持就是胜利"、"只要功夫深，铁杵磨成针"，这是我们在遇到困难时常用的鼓舞士气的话。

成功是坚持的结果，对于这种说法我很认同。不过需要我们辩证地去看待"坚持"这个词。"磨杵成针"的典故大家都知道。不过，大家在理解这个典故的时候往往忽略了另外一个前提，那就是"铁杵"。要想磨成针，只有"功夫深"是不够的，还需要"材料"——铁杵。如果是一根木棍，到最后只能磨成一根牙签。所以，在强调"坚持"的重要性的时候，我们还要问一句自己："我到底是不是适合做这个？"如果不适合，结果只能是徒劳无功。

所以，一定要对自己的目标有一个理性的认识。如果是我们生命中追求的东西，我们无疑要坚持。而对于那些无所谓的东西来说，过度坚持则会浪费我们的时间。所以，把精力花在你认为该做的、值得做的事情上，才更有意义。如果方向本身就是错的，一味坚持，只会把我们推向深渊。

马云微语录

> "有的时候不能太固执，看到很多创业者方向错了还得走，十多年了还挖不出来东西的时候，就要做调整。人们说只有偏执狂才能成功，我非常的不理解，偏执并不是固执，坚持一个正确的方向，坚持自己认为正确的理想，才会离梦想越来越近。"

◎ 演讲实录：对坚信的事永不放弃

摘自马云《最大的失败是放弃》

我想告诉大家，创业、做企业，其实很简单。一个强烈的欲望：我想做什么事情？我想改变什么？你想清楚之后，你永远坚持这一点。

为什么我的座右铭是"永不放弃"？因为这世界上最大的失败就是放弃，放弃其实是最容易的。所以我想讲的是，活着就是胜利。这个世界上最痛苦的是坚持，而最快乐的也是坚持。

我一直认为人一辈子都在创业。以前深圳有一个口号叫做"二次创业"，我不太同意这个。同一批领导是没有办法二次创业的，因为从一天创业起你就一直在创业。

互联网进入冬天的时候，我们第一没有品牌，第二可以用的资金非常少，整个市场形势不是非常好，大家听到互联网转身就跑。当时很多人进来，也有很多人出去。我记得有一位年轻人，刚刚进入公司时我跟他说希望最艰难的时候坚持下来不放弃。这个年轻人说："我记住，5年之内我是绝对不会走。"这5年来他们一起来的人都走掉了，当他快坚持不住的时候我就跟他说我记得他当时讲的话。现在他坚持下来，无论他的做事风格还是他的财富都已经非常成功了。

在长城上，我们说要建立一个中国人创办的、全世界最好的公司，所以在最困难的时候，我们永远要回忆这个东西。

我不知道该怎么样定义成功，但我知道怎么样定义失败，那就是放弃。如果你放弃了，你失败了；如果你有梦想，你不放弃，你永远有希望和机会。

人永远不要忘记自己第一天的梦想。你的梦想是世界上最伟大的事情。

人生是一种经历。成功是在于你克服了多少困难，经历了多少灾难，而不是取得了什么结果。我希望等我七八十岁的时候，跟我孙子说的是，你爷爷这一辈子经历了多少，而不是取得了多少。我想每个人也一样。生活很美好，不断地努力，不放弃，我们才有机会。

第五章

C谈创业忠告：
HAPTER FIVE

人要在诱惑面前学会说 "No!"

◎ 像兔子一样快，又要像乌龟一样耐跑

> " 我做阿里巴巴网站不是不能赚钱，而是不急于赚钱！"
>
> 马云

马云一直认为，创办一个企业就像是养一个孩子，不能指望他一生下来就去挣钱养家糊口。你只要不断地给予他营养和知识，只要这孩子能够茁壮地成长，赚钱是早晚的事情。如果做家长的把赚钱看得太重，让孩子过早地出来做童工，那不仅赚不到钱，就连孩子本身也有夭折的可能。马云敢于在任何场合口出"我做阿里巴巴网站不是不能赚钱，而是不急于赚钱！"的狂言，这种自信基于他的这种"养孩子"理论，他始终相信等孩子长大了，他会赚大钱。

马云坚信，如果一个人的脑子里面就想着赚钱的话，他脑子里想的是钱，眼睛里是人民币、港币，讲话全是美元，没有人愿意跟这样的人做生意的。

1999年马云以50万元起家时，中国互联网先锋瀛海威已经创办了3年。瀛海威采用美国AOL的收费模式。马云却采用免费策略，对买家和卖家都是免费的，以此来建立阿里巴巴的用户基础。1999年，互联网在中国掀起了第一轮狂潮。这一年，中国上网人数达500万人，比1995年上升了一倍。然而在这股狂潮中，马云却很没有狂喜，他清醒地认为：互联网是影响人类未来生活30年的一次3000米长跑，必须比兔子跑得快，但又要比乌龟更有耐心。在前100米中，谁都不是对手，跑着跑着，跑了四五百米后才能拉开距离。

俗话说"饭要一口一口吃，路要一步一步走"。对于一名年轻人来讲，刚刚走上社会就谈成功，似乎有些为时尚早。虽然暂时不能拥有成功的果实，但是我们要播种一颗成功的种子，然后就是浇水、施肥，等待种子在泥土中静静地生长。

每个成长型企业都会碰到成长中的痛苦，几乎所有以销售为导向的企业都会遇到先求生存后求发展的问题。初创企业都希望迅速做大做强，但生存下来的第一个想法应该是做好，而不是做大，这是马云这么多年走下来的经验。

很多人失败的原因不是钱太少，而是钱太多。在开始做得小一点，一点点积累，你会做得很踏实，所以做项目最好三年以内不要考虑融资，要做扎实、做踏实。

在柳传志先生的投资智慧里，稳健是鲜明的特点。他提出了"三不干"原则。即没钱赚的事不能干；有钱赚但投不起钱的事不能干；有钱赚也投得起钱但没有可靠的人去做，这样的事也不能干。

"三不干"原则里，"有钱赚但投不起钱"，意味着开展经营的充分条件尚且不足，因为运筹资金本身便是企业领导人的一项重要本领。所以，"有钱赚"虽然意味着商业机会，但"投不起钱"意味着被投企业缺乏竞争优势，基于此，投资者将很难从这种投资里面获得实际的收益。

在"三不干"中的最后一项，则凸显了柳传志先生对"人"这个因素的高度重视。在他看来，无论面临多么诱人的商业机会，但如果不能安排适当的人去做，做事的质量也会大打折扣。

正是因为这样，柳传志先生在踏入投资领域后，几乎每一步都走得很稳健。因此，也正如他所说的，如果有些人觉得自己什么事都能干，什么事都想干，什么钱都想赚，那么到头来总会竹篮打水一场空。

所以说，无论投资还是创业，首先要做的就是抗拒诱惑，强化自控力，自觉地控制自己的欲望，从而不至于陷入失败的境地。

马云微语录

"当时我觉得电子商务要5年以后才能赚钱，所以做这个决策非常难。我相信，如果我当初投入游戏一定会赚钱，但是游戏不是我们想做的事情。"

◎ 一次只抓一只兔子

> **"** 看见10只兔子，你到底抓哪一只？有些人一会儿抓这只兔子，一会儿抓那只兔子，最后一只也抓不住。CEO的主要任务不是寻找机会而是对机会说NO。机会太多，只能抓一个。我只能抓一只兔子，抓多了，什么都会丢掉。**"**
>
> 马云

这是马云的"抓兔子"理论，其核心就是专心做好一件事，一切皆为既定目标服务。马云自1999年做电子商务B2B始，十几年来，这个"抓兔子"理论不仅没有动摇，反而更加坚定了，这是后来阿里巴巴大厦赖以发展的基石。正是因为马云专注于电子商务，最终办出一个世界最大的电子商务网站来。

马云的"抓兔子"理论蕴涵着深刻的创业哲理。他认为现在的创业者尤其是年轻的创业者，往往或多或少有浮躁的毛病，他建议创业者要"重点突破，所有的资源在一点突破"。事实上，在选择创业后，只要你能凭借自己的力量去做成功一件事，你就绝对不是失败者。

放弃国企稳定的工作，和几个大学同学一起选择自主创业，三次创业失败三次站起来，如今第四次创业成功的刘国和感慨良多，他想告诉想创业和正在创业的人一句话：坚持做一件事能做到极致，你就已经成功了。

1986年，刘国和从厦门大学计统系毕业，被分配到沈阳变压器厂工作。在国企待了4年，因为有名牌大学的光环，刘国和备受重视，荣誉接踵而来，但心高气傲的刘国和并不满足于国企缺乏激情的生活。1992年，全国上下涌动着下海热潮，刘国和同几个大学生一沟通，得知大家都有创业的想法，于是迅速辞职，领着大家凑了点钱，开上了冷面店。

　　开冷面店的同时，刘国和发现当时一些要上市的国企正准备发放原始股，他认准了买原始股将是一个发大财的机会，所以利用原来在国企积累的人脉，用投冷面店赚的钱购买了大量股权证。没想到，这家公司最后竟然没能上市，所有的原始股成为一堆废纸。这次投资最终以惨败而告终，刘国和为此还背了17万元的债务。

　　丧气的话说过以后，刘国和还是不甘心就此沉沦下去，觉得自己在股票投资方面的天赋还没有得到施展。经过朋友介绍，他成功应聘进入了当时炙手可热的南方证券公司，并做了经理助理。在南方证券的5年，刘国和在股市投资的眼光得到了证明，几个漂亮的大手笔为公司创造了巨额利润，不仅偿还了之前所欠下的债务，还给父母在城里买了房子，积累了不菲的积蓄。

　　钱多了，刘国和的心里再一次蠢蠢欲动。他一边在南方证券打工，一边开始私下琢磨自己创业。当时听朋友说一个铁岭的油墨厂项目挺好，如果收购过来会有较大的利润空间。刘国和动了心，几乎未做深入了解便收购了这个油墨厂。但因为分身乏术，又缺乏对这个行业的技术支持，他只好把公司委托给朋友管理，最后，油墨厂不但没盈利，反而还让他赔了60万。

　　第二次创业虽然失败了，但刘国和在南方证券期间还是有了几百万元的积累。凭着在南方证券期间积累的人脉和经验，1999年的时候，刘国和选择再次创业，创立了自己的投资公司，专门为上市公司做证券业务和资产投资管理，最高时管理资金达上亿元。钱多了，刘国和的野心也迅速膨胀，很快将公司的规模扩大，没想到，风险跟随而至。2001年始料不及的美国"9·11事件"让中国的股市出现连续5年的暴跌。刘国和也不例外，许多客户纷纷向他追债。

　　一夜之间回到起点，而且还欠了许多外债，换作别人可能真的就永远倒下去了。可刘国和并没有像第一次创业失败时那么悲观，他再一次从"零"开始。

　　以前和他打过交道的一位银行的行长得知他的困境后，创办了一家投资管理公司和一家电子有限公司。目前公司运营情况良好，平均回报率为25%。

　　"经历了此前三次创业的失败，我也好好参悟了一下人生。我想，对于年轻人来讲，有创业的想法是好的，但一定要脚踏实地，一步一个脚印，切勿盲目贪大。人活一辈子，只做好一件事情就很好。"

这是刘国和在总结自己创业经历时的肺腑之言，也是很多成功创业者的一个写照。

创业成功者只做一件事，做深、做透、做专、做到尽善尽美，做成专家。而失败者做了许多事，像猴子掰玉米，做一件丢一件，没有一件弄懂、弄通、弄明白。结果是什么都不懂、什么都不会、干什么都一塌糊涂，几十年一事无成。

研究发现，大多数的创业者都喜欢贪多，当一个企业刚发展起来的时候，创业者很快就被胜利冲昏了头脑，并开始大规模的冒进，从而失去了踏踏实实地做好、做强、做大一个企业的兴趣，等到企业破产那一刹那才发现踏踏实实地做好一个小公司的重要性。

很多人会说"今天做这个生意好不好，明天做那个事情好不好。"其实创业的精髓就是你必须要将一件事做成功，再接着去做另一件事。如果你每天都在坚持不懈地做好一件事情，那么，相信终有一天这个世界就围着你转，如果你每天都在做不同的事情，你每天就围着这个世界转。

创业者应该明白专注的道理，成功的关键在于精而不在于多。所以，对于年轻的创业者而言，在创业之初，绝对不能贪多，利用你现有的资源，根据自己的实际情况，踏踏实实做好一项工作。

马云微语录

"一个公司在两种情况下最容易犯错误：第一是有太多钱的时候，第二是面对太多机会的时候。一个CEO看到的不应该是机会，因为机会无处不在，一个CEO更应该看到灾难，并把灾难扼杀在摇篮里。"

◎ 君子爱财，取之有道

" 我一直的理念就是，真正想赚钱的人必须把钱看轻，如果你脑子里老是钱的话，一定不可能赚钱的。交税是每个企业一定要做的，如果不交税有一天一定会被查出来，所以这是我的一个警告，我不希望投的企业最后工商局把它关了。**"**

——马云

"学先进，傍大款，走正道"是冯仑送给创业者的三条忠告。"学先进"是为了自己成为先进；"傍大款"是为了结交好企业、自己成大款；"走正道"是为了避免走弯路，铸造有序经营的坚实基础，因为你走歪门邪道、旁门左道，总是要花很多精力，另外会陷入很多无限的是非，最后有牢狱之灾，只有走正道，才能使企业有序经营。

在阿里巴巴，马云不止一次地强调缴税对于一个企业的重要。对此，马云在阿里巴巴论坛上曾发表这样的观点：世界上只有两件事不可避免，税收和死亡。马云说："阿里巴巴为什么能成功，其中一个关键的因素就是按照法律规定的税负缴纳，在这里，我需要提醒创业者的是，照章纳税是企业的义务，必须不折不扣地缴税，这样你的企业才有可能发展，否则，只是一场虚幻的梦境。"

对于偷税、漏税的创业者，马云毫不隐晦地谈到："偷税、漏税是企业的耻辱，把纳税看作是企业的义务和责任是远见卓识的表现。一个企业在纳税上如果不对国家尽责，私自偷逃税款，那么，人们会有理由怀疑，对顾客你是否能讲诚信。纳税多是企业实力和经营业绩的体现，凡是纳税先进企业，就自然而然在消费者心目中树立起爱国守法、诚实可信的良好形象，人们就喜欢与你谈生意。要是一个企业税源枯竭，拖欠税款，那必然信誉不良，经营萎缩，不仅消费者不乐意光顾，就连向银行贷款也敬而远之。"

事实证明，一个聪明的企业家，绝不会在国家税收上打折扣，而是用按时足额纳税来塑造良好的形象，使企业兴旺发达。在这里，我们来看看发表在新华美通的文章，就不难理解马云强调缴税的重要。

阿里巴巴（中国）网络技术有限公司2005年上缴的税收为25480万元，首次跨入税收亿元企业行列，按全年250个工作日计算，成功实现了公司2005年初提出的每天纳税100万元的目标。同时，高新区方面表示，这一缴税仅仅是阿里巴巴公司本身，并未包括被收购半年的中国雅虎业务。

马云表示："依法纳税是企业和公民应尽的义务。对于企业来说，缴税是其为国家和社会创造价值的表现，也是对自身成就的肯定。现在企业的纳税意识在不断提高，阿里巴巴在2004年就把'一天纳税100万元'作为公司未来几年的经营目标，并给自己设了一个紧箍咒——没有'一天100万元的税'，就是对社会没贡献。"

阿里巴巴目前运营着全球最大、最活跃的网上市场和商人社区，企业和商人会员遍及全球200多个国家和地区，阿里巴巴公司近年来业务高速发展。但因为阿里巴巴并非上市公司，所以从未公开过相关财务数据。2005年公开缴税额也是阿里巴巴的营业数据第一次正式公诸于众。

依法纳税是企业和公民应尽的义务，对于企业来说，缴税是其为国家和社会创造价值的表现，也是对自身成就的肯定。然而，令人遗憾的是，很多创业者却抱有与此相反的想法，那就是想方设法偷税逃税，无视国家税法，纳税意识淡薄，与税务人员捉迷藏，给税收带来困难。这些创业者的主导思想是：税收是国家的，能偷就偷，能逃就逃。这种把权利与义务对立起来的思想和做法，这是十分错误的。

近年来，全国地税稽查部门在税务稽查中发现，企业法人指使财务人员做假账偷逃税款的现象屡见不鲜，由此触犯法律被判刑的人员也不少，而其中以私营企业尤其突出。通常企业采取偷税漏税的手法主要有：

第一，企业法人授意或指使财务人员设置两套账，实行账外经营，内账记录实际收支作为内部核算使用，外账则采取不列，或少列收入的手段用来应付税务、工商等部门的检查；

第二，企业法人故意向财务人员隐瞒真实经营情况，提供虚假的经营凭证给财务人员记账；

第三，企业法人要求财务人员按指定的利润额记账和申报税费。

毋庸置疑，偷税漏税是一个企业最可耻的行为，因为规规矩矩地向政府缴纳自己的税收，不偷税漏税是实施企业社会责任的其中最重要的一条。马云曾这样诠释过社会责任的要义："当前，很多企业家对企业的社会责任已经达成共识，企业履行社会责任并不一定是要在电视上去当场做秀捐款，最基本的也是最重要的方面首先是要管理好自己的企业，而规规矩矩地向政府缴纳自己的税收，不偷税漏税是其中最重要的一条。其实，企业可以合理避税或节税，但前提是不能违反法律。由于逃漏税，不少富豪沦为阶下囚，他们旗下的企业也因此而陷入危局。"

亨利·福特说："只会赚钱的公司，是一种不良的企业。"企业的真正精神是珍惜税后的利润。只管赚钱不尽责任的公司，是不可能长久的。在一个共存的社会里，不可能存在只享受权利而不履行义务的公司。

马云微语录

"我一直坚信一点，企业不交税是不道德的。整个社会为你的企业做出了巨大贡献，整个社会为你做了配套设施，你不交税，你是不道德的，不仅仅是不合法。"

◎ 只和政府谈恋爱但不结婚

> " 无论你在哪里，政府是一样的，爱他们但不要和他们结婚，不要和他们做生意。"
>
> 马云

在某种程度上，广泛的社会资源，良好的社会关系可以促进创业者成功。一个社会关系很糟糕的企业也是难以顺利发展的，搞不好会弄得四处树敌，把自己陷于非常被动的局面。但是，如果过分依赖关系而忽略了企业内在品质的提高，那么创业者终将失败，因为关系不是企业的核心竞争力，关系随时会不存在。

在各种社会关系中，企业与政府之间的关系最难拿捏，但是又必须把握好，因为做企业不可避免地要和政府打交道，尤其是企业具有很高知名度的时候。若是处理不好与政府的关系，二者僵化或者走的太近都是对企业不负责任的行为。

马云在选择自己的创业环境上的决定，也充分体现了他对关系持一种若即若离的观点。

事实上，在阿里巴巴的发展过程中，有一些地方的领导都曾对马云寄予了足够的关注，这样的关系好像可以让马云得到足够的好处，但马云却看得非常清楚，因为马云心里最清楚政府不会无缘无故随便扶持一个企业。马云曾把公司总部放在上海，以为在上海可以利用一些关系来大展拳脚。结果那年他特别累心，招聘不到企业发展所需的专业人才。马云说，当时上海并不喜欢他们这种创新型的公司，跨国公司和世界500强才是政府眼中的香饽饽，而对于刚刚起步的民营企业上海并不怎么欢迎。所以马云才深有感慨地说："和政府恋爱，永远不要和它结婚。"

一个优秀的企业家一定是一个善于处理各种社会关系的人，他们会很好地摆正自己的位子，扮演好自己的角色，按照企业既定的目标和战略，把企业带向一个良性的发展道路。我们来看一看那些成功的企业家是如何看待与政府的关系的。

柳传志：在商言商，不谈政治

2012年柳传志在接受《财经》专访时表示：我们只想把企业做好，能够做多少事做多少事。2013年5月接受央视专访时，柳传志又说自己从来没有想过坚决要给环境动个手术的雄心壮志。2013年7月，柳传志召集正和岛等十来家公司座谈讨论"抱团跨境投资"时，再次强调做好商业是自己的本分，在商言商，聚会只讲商业不谈政治。

王健林：亲近政府，远离政治

大连万达集团董事长王健林说，政商关系在中国是一个非常复杂的问题，不比在哈佛读博士后轻松。处理官商关系或者政商关系要坚持八字方针：亲近政府，远离政治。

王石：不违规，不行贿

原大连万达集团的董事长王石从到深圳创业开始，就把不行贿作为企业的一个基本原则和底线。国内房地产行业涉及的产业链非常长，难免要和政府部门打交道，而万科在全国31个城市搞房地产开发，一直坚守自己的底线和原则：不违规，不行贿。王石认为这是底线，宁可生意不做，也要坚持保持自己的人格和尊严。

严介和：要比政府还要了解政府

原江苏太平洋建设集团董事长严介和认为：做企业要比政府还要了解政府，才能善于和政府打交道。他说，企业家要读书，第一本就是政治学。"如果资金链出了问题并不可怕，可怕的是政治链出了问题。在政府面前，企业家要扮演好自己的角色。"

民营企业要清楚知道政府与企业的关系，把着眼点放在把企业培养成优秀企业上，这才是企业的长远策略。

> "不要相信关系，世界上最靠不住的就是关系，你需要做的就是保证对你的客户的真诚度和满意度。要想创业成功，踏踏实实地经营企业。"

马云微语录

◎ 不要因为对手去制定战略

> ❝ 我取名字叫阿里巴巴不是为了中国，而是为了全球，我做淘宝，有一天也要打向全球。❞
>
> 马云

我国的私营企业之所以很难成为长跑健将，主要原因是私营企业的战略受限，如我国第一代民营企业家因为抓住了改革开放"摸着石头过河"所带来的历史机遇和市场空缺，迅速积累起庞大的财富，获得了成功。但是他们错误地把历史性的机遇当作了无限的商机，在内外部环境发生了重大变化的时候仍然继续他们早期资本原始积累阶段的思维定势和操作惯性，没有相应地改变其发展的战略，最终导致了众多民营企业的纷纷衰落。如巨人集团、飞龙集团、三株集团等企业，其创业发展之迅速让人敬佩，但由于没有制定长远的战略目标，盲目地追求高速度、多元化经营，而又缺乏现代资本的技术，以至于企业掌握不了发展方向，导致企业失控，最终是昙花一现，以失败而告终。

从短跑冠军到长跑健将，需要的是适应与创新，要在变幻风云、激烈竞争和严峻挑战的经营环境中求得长期生存和不断发展，就必须站在战略的角度审视企业的发展前途，制定明确的企业长远战略目标，加强对经营环境的研究分析，以未来的环境变化趋势作为决策的基础，这样才能正确地确立企业发展方向，选择企业合适的经营领域或产品市场领域，从而更好地把握外部环境所提供的机会，增强企业经营活动对外部环境的适应性，促进企业发展壮大。

波音老总讲公司发展战略说："我们每一个企业都会问自己一个问题，我这个决定到底错还是对？在座的也是这样。这个时候往往缺少一个东西，就是公司的发展战略。如果没有明确的发展战略，是不行的。"

作为一个公司的CEO，最重要的任务就是制定战略。马云最初创立阿里巴巴的时候，虽然创业资本很少，但他还是将未来的公司定位为全球的公司，因而名字也应该是响亮的、国际化的。为了注册一个好的名字，马云思索了很久，先后想了很多名字都觉得不理想。一天，马云脑袋里突然迸出了一个alibaba，他眼睛一亮，阿里巴巴的财富故事被全世界的人所熟知，并且不论语种，发音也近乎一致。在马云心中再没有比阿里巴巴更好的名字了！可惜上网查了才知道这个域名已经被加拿大人注册了。为了得到这个域名，马云与加拿大人周旋了好久。马云之所以执着地选择"阿里巴巴"这个名字，是因为他希望公司成为全世界的十大网站之一，也希望全世界只要是商人一定要用到阿里巴巴，希望阿里巴巴能打向全球，做102年的优秀公司。

1999年、2000年阿里巴巴战略很明确，即迅速进入全球化，成为全球电子商务企业；打开国际电子商务市场，培育中国国内电子商务市场。阿里巴巴当时提出的口号是："避免国内甲A联赛，直接进入世界杯。"

企业要健康成长，发展是硬道理，战略是关键。在企业总体战略目标指导下，企业的每个成长时期都应制定与其外部环境相适应的一系列子战略目标，并与总体战略相一致，企业才能有步骤、有计划、有规律地发展。同时在战略实施过程中，加强对外部环境的敏感性，在调节环路中，要时刻关注环境因素的变化，不断调整和完善企业的战略，加强对企业战略的管理，增强企业战略的灵活性和可控性，摆脱各种抑制企业成长的因素，推动企业进入新一轮增强环路，促进企业纵深发展。

马云微语录

"你讲战略的时候，你要很清晰地说，我想做什么，我该做什么，怎么做，我对手的情况怎么样，你能够半分钟把它讲清楚，你只要讲得很清楚，投资者知道你干什么，这就可以了。但是我想提醒的是，对手不是战略，不要因为对手去制定战略。"

◎ 演讲实录：未来10年的梦想

2009年9月10日马云在阿里巴巴十周年庆典上的讲话

为今天晚上我大概准备了10年，10年以前我设想过，10年以后我会如何对我们的员工讲话，如何对我们的客户讲话，如何对我的朋友讲话，讲些什么？离10周年越来越近的时候，我心里面越来越亢奋，越来越希望讲，但是到这几天，我居然晚上都睡不着觉，因为我不知道自己要讲什么。刚才在来之前，看到那么多阿里巴巴的人，那么多阿里巴巴的亲朋好友，我其实不需要讲什么，十年来所有阿里巴巴人的行为已经告诉我们了，感谢大家！

10年以前，在我的家里，我还有其他17位同事，我们描绘了一个图，我们认为中国互联网会怎么发展，中国电子商务会怎么发展，我们讲了两个小时，从此就走上了这条路。10年下来，没有任何理由我们会活下来，有无数的原因、无数次的坎坷、无数次的情况会让阿里巴巴一蹶不振，甚至消失在互联网世界。我们自己也在问是什么让我们活了下来，并且越来越强大。我相信我们的人并不是能力最强的，我见过很多很多人比我们强，阿里巴巴今天的年轻人比我们10年前能力更强；我们也不是最勤奋的，有很多比我们更勤奋的人，我们肯定不是最聪明，因为比我们聪明的人有的是。那么是什么让我们活了下来？让我们坚持走到现在？今天我想在这里跟我们所有的阿里巴巴人，跟我们所有阿里巴巴的亲朋好友分享一下。我认为我们是非常幸运的，我们幸运生活在这个时代，我们幸运生活在这个互联网时代，我们幸运生活在中国。所以我讲，从第一天起到现在，阿里巴巴一直充满了感恩之情，要感谢的人非常多。

我也相信，不管任何原因，我们今天活了下来，但是我们还有92年要走，这92年，我们凭什么再走下去，前10年阿里巴巴只有两大产品，第一个产品就是我们的员工，第二个产品就是我们的客户。我想在这儿分享几样东西，也是未来十年阿里巴巴必须坚持的事情。阿里巴巴是使命感驱动，价值观驱动的公司，8年多来阿里巴巴每个季度考核价值观，每个季度、每个月是靠自己的使命感，每一个人都是靠自己的使命感而坚持。有人说阿里巴巴创办的是理想主义公司，我今天还是觉得，阿里巴巴是充满理想主义和充满现实主义的公司，阿里巴巴没有理想不可能走到现在。未来十年我们永远是家理想主义公司，当然一定会脚踏实地，如果不充满现实主义的去做任何点点滴滴的事情，我相信我们也不会活到现在。

最近一两年来，纠结阿里巴巴管理层的是，未来10年我们阿里巴巴怎么走，我们需要变成一个什么样的公司。

世界不需要再多一家互联网公司，世界不需要再多一家像阿里巴巴一样会挣钱的公司，世界也不需要持久经验的公司，世界需要的是一家更加开放、更加分享、更加有责任的公司。社会需要的是一家社会型的企业、来自于社会、服务于社会、对未来社会充满责任承担责任的企业。世界需要的是一种精神、一种文化、一种信念，一种梦想。阿里人未来10年坚守我们的信念、坚守我们的文化、坚守我们的梦想，只有梦想、理念、使命、价值体系才能让我们走得远。

我们希望通过阿里人的努力，我们能够让互联网、能够通过电子商务专注小企业，让全世界所有的企业在平等的、高效的平台上运作，我们期望10年以后，在中国这个土地上，再也看不见民营企业和国有企业之间的区别，我们只看到的是诚信经营的企业；我们不希望看到是外资企业、内资企业的分别，我们只希望看到诚信经营的企业；我们不希望看到大企业和小企业的区别，我们只希望看到的是诚信经营的企业；我们希望看到商人再也不是唯利是图的象征，我们希望看到的是企业再也不是以追求利润为目的，而且追求社会的效益，追求社会的公平；我们希望看到自己作为企业家、作为商人，在这个社会里面承担着政治家、艺术家、建筑家一样的责任，成为促进社会发展主要的动力之一。

……

我今天当着两万七千名阿里巴巴的员工、阿里巴巴的客户、亲朋好友描绘一下10年以后，阿里巴巴如果做好新商业文明，我们未来的具体指标是什么。

第一个指标，我们将会创造一千万家小企业的电子商务平台，我们要为全世界创造一亿的就业机会。我们要为全世界10亿人提供消费的平台，我们希望通过一千万企业的平台让所有的小企业可以通过技术，通过互联网、通过电子商务，跟任何大型企业进行竞争；我们希望我们的消费者，能够享受真正的物廉价美的产品；我们更希望在我们服务面前，让任何一个老太太，不要因为少交了60元电费去银行门口排队，利用我们的服务，让他们跟工商银行的董事长享受一样的权利。

我相信，一千万家中小企业，一亿个就业机会，10亿个消费者，一定会引来很多的非议、嘲笑、讽刺，没关系，我们阿里人习惯了。我也相信世界也许一定会忘记我们，因为我们不是追求别人记住我们，我们追求的是别人使用我们的服务，完善自己的生活，促进社会的发展。

第六章

C谈市场学习：
HAPTER SIX

及时补上"市场意识"课

◎ 全国的眼光也要当地制胜

" 中国中小企业的求生能力和求生的欲望比别的国家强，因此在中国，我们的客户主要瞄准中小企业。"

马云

在创业之前，创业者必须明白自己究竟干什么行业，生产什么产品，只有精确的定位，创业者才能走得更快、更远。马云对阿里巴巴就有着非常明确的定位。

对于产品的市场定位，马云发现，很多创业初期的人都想着要尽量"大小通吃"，赚所有人的钱。麦当劳可不可以兼卖利润高的产品？五星级酒店有没有可能把变身为快捷酒店，用低价格把工薪阶层也"一网打尽"？当然这都是否定的，因为"捞过界"的后果是把自身原有的顾客群也一并丢掉。对此，马云说："我希望每一个人都来用我的产品和服务，那是不可能的。初创业者创业时定位一定要准确，这样你才能做好。"

农夫山泉股份有限公司是目前国内规模最大的饮用水公司之一。公司自有铁路专线，产品运输快捷、安全、运能大，是中国目前唯一有专运铁路线的饮用水公司。

面对竞争激烈的饮用水市场，为了突出品牌，农夫山泉公司在切入点上，从最容易受到影响、对新事物最敏感的群体切入，通过广告这一载体，对口感、水质进行差异化细分，有明确的市场定位。

在口感定位方面，"有点甜"的广告语再现农夫山泉是"天然水"这一概念；适度的高价，则提高顾客价值，凸显与众不同的高贵品质；运动装，突出企业对产品严谨认真的态度；款到发货，则表明企业的自信，造成供不应求的假象，使经销商提高对农夫山泉的信心。

这样围绕定位做文章的结果，是让竞争对手输得心服口服。可见，农夫山泉的成功，关键在于确定了自己独特且能打动消费者的品牌定位——"天然水"，这一定位具有高度差异性，同时避开了同其他巨头的直接碰撞竞争，开辟了自己的生存空间，为农夫山泉的扩大奠定了良好的基础。

因此，准确的"创业定位"，是成功创业的第一步。而大量事实证明，尤其是小额资金的创业者，往往去赚高附加值的部分，即赚那些高端收入人士的钱更加容易成功。将目标客户群变得越窄，才能锁得越牢。为此，马云提醒那些即将创业的，或正在创业的年轻人，遍地撒网的做法通常行不通，想成功，一定要有准确的市场定位。

马云微语录

"创办公司不仅不能盲目模仿大公司的做事方法，更切忌抄袭其商业模式。那些知名企业在成名之前是什么样的你知道吗？他们是怎么积聚自己的能量，才有了今天的成就？简单模仿它们，结果可能会南辕北辙。一个伟大的公司不是靠简单模仿取得成功的。创业者要永远记住，全国的眼光也要当地制胜。"

◎ 在市场中寻求机遇

> ❝ 成功者至少需要兼备两种品质：一是执着大胆的性格，二是对市场准确敏锐的嗅觉。❞

马云

机遇对商人来说无比重要，把握住了机遇，也就把握住了财富。有些人常常感叹自己时运不佳，总是抓不住机会，更多的人则在空空的等待中虚耗生命。而犹太人常说："幸运之神会光顾世界上每一个人，但如果她发现这个人并没有准备好迎接她时，她就会从大门里走进来，然后从窗子里飞出去。"显然，我们的周围到处存在着机会，时刻准备注意观察，事先做好准备，就可能把机会变成我们的机遇。

1999年，马云应邀参加在新加坡举行的亚洲电子商务大会。在大会上，马云发现虽然是亚洲电子商务大会，可是90%的演讲者和听众都是西方人，所有的案子、例子用的全是"eBay"、"雅虎"的东西。马云心想，以前的电子商务都是美国模式，中国的电子商务可能是个什么模式呢？马云认识到互联网经济的特色正是以小搏大、以快打慢，中小企业好比沙滩上的一颗颗石子，如果把这些石子用混凝土全粘起来，石子们的威力可以和大石头抗衡，而互联网就是钢筋混凝土，中国的电子商务应该围绕着中小型企业，帮助中小型企业成功。所以，从新加坡回来后马云就决定要把阿里巴巴建成一家为中国80%的中小企业服务的公司。

另外，马云对中国经济的正确分析，也是他坚持从事为中小企业服务的电子商务的一个原因。当时，马云确信，中国加入WTO只是一个时间问题，大批外商必然要到中国投资，中国企业也要走向世界。也正是这样的认识坚定了他通过互联网帮助中国企业出口，帮助国外企业进入中国的策略。

后来的事实证明了马云思路的正确和阿里巴巴模式的成功。对于外界的赞誉，马云说并不是自己多么有远见，只是自己善于从市场中寻找机遇。

马云抓住的第一个机遇是创办中国第一家商业网站——中国黄页。创建B2B模式的阿里巴巴，率先扯起电子商务的大旗，这是马云抓住的第二个机遇。当时中国网络产业的主流是门户网站，美国和世界网络产业的主流是门户加C2C，而B2B模式还没有成功先例，电子商务被认为是遥远的事。但马云认为电子商务将成为互联网产业的主流，他深信以中小企业为服务对象的B2B模式在中国有广阔的发展前景和成功的可能。所以，经过近10年的奋斗，阿里巴巴终于成为了世界最大的B2B网站。

创建淘宝网是马云抓住的第三次机遇。当时中国的C2C市场还是eBay的天下。马云看到了庞大的市场需求必将使中国成为世界最大的C2C市场，到目前在这个领域并没有巨头，他觉得这对于已经具备一定积累和实力的阿里巴巴来说是一个莫大的机会。于是，他果断进军C2C。短短3年时间，淘宝就成为了中国C2C领域的旗帜。

机遇每天都在我们身边飞来飞去，可是我们就是看不见，因为我们缺乏发现机遇的眼睛。创业者就应该像马云那样，在瞬息万变的商海竞争中紧紧地抓住可能稍纵即逝的时机。一旦时机到来，就必须当机立断，该攻就攻，甚至要连续攻击。

马云微语录

"这个世界机会太多了，你就看看每天互联网上抱怨的事情那么多，这些都是机会。你加入抱怨就永远没有机会。你要将别人的抱怨、投诉、仇恨、不靠谱的地方变成你的机会。"

◎ 不被别人看好也是一种福气

❝ 不被人看好是一种福气。因为没看好，大家没有杀进来。大家都看好的东西就轮不到我了。❞

马云

2002年互联网经济处于最低潮时，《IT时代周刊》写道：过去两年，北京的互联网企业从天堂瞬间跌入地狱，几乎没有一个互联网英雄能够脱离集体疯狂，也没有一个能够逃离疯狂后的灾难。然而，扎根于杭州的阿里巴巴如今已无可争议地成为中国最好的B2B电子商务企业。

在过去的几年里，阿里巴巴的模式是不被业界看好的。哪怕是网易CEO丁磊、搜狐CEO张朝阳等人之前也一直不看好B2B模式，但马云不在乎别人的看法，他只相信自己的感觉。在马云心里，别人越看好的，他越不做；别人越不看好的，他倒要出其不意地试试看。所以，他每到一地都会推销他的模式，他在BBC做现场演讲，在麻省理工学院、沃顿商学院、哈佛大学以及在"世界经济论坛"演讲的时候，都会信心满满地说："B2B模式最终将改变全球几千万商人的生意方式，从而改变全球几十亿人的生活！"

2013年11月26日，马云又在进行着一项举动。多日未公开露面的他在"来往"满月活动现场向记者表示，阿里做"来往"挑战"微信"是要"把不可能变成可能"，为行业带来更多的竞争，将移动IM（即时通信）行业打开。

"来往"作为诞生时间最晚的产品，并不被专业人士看好。"马云亲自上阵推来往，这事本身就是一个笑话。""用愚公之精神去挑战××"这是外界对阿里巴巴这一举动的评价。

在移动社交平台领域，"微信"维持"一家独大"的局面已久。根据腾讯2013年第二财季报告，"微信"与We Chat的合并月活跃账户数达到2.358亿；而近期有数据显示：其注册用户已经超过4亿。

阿里巴巴集团CEO陆兆禧披露，在大力推广的一个月时间里，"来往"目前注册用户数已经突破1000万，特色功能"扎堆"里超过10万人。陆兆禧也直言"来往"仍然比较弱小，"但快速提升的成绩取得不易，这也说明，'来往'的500人聊天群、阅后即焚、扎堆等这些创新的功能让部分用户觉得有用"。陆兆禧更坦言，"来往"的发展不会追随"微信"。

马云在庆典上表示，自己此前曾表示，阿里巴巴前10年从无到有，后10年要从有到无。当时说这个"无"是无处不在的"无"。现在看来，移动互联网是无处不在，因此准确地说，这个"无"应该是无线的"无"。马云还现场表示，阿里巴巴要拥抱移动互联网时代的变化，第一要看到变化而变化，第二要创造变化，第三要学会破坏自己。

阿里巴巴与腾讯的正面竞争终于到来，两者的生态圈之争已然升级。有消息称，马云在内部论坛发帖，强调了移动通信产品"来往"对于阿里的重要性，并且正面向"微信"发起挑战。"谁不参与，谁就不该呆在这公司里。因为这是我们每个人可以做的事，这不是战略，这是阿里人在无线时代争取生存权利的努力。"马云在内部帖中称，10年前没人相信淘宝会打败eBay，10年后为何不可一试？

别人都不看好的东西也不一定是坏东西，聪明的企业家总是在别人还没觉悟或者不认可的议论中崛起的。一个企业家在选定一种别人不常用的商业模式、方法和战略时，不被人理解是常有的事。只要坚信自己能够先人一步或者突出重围，就不必太在乎外界的质疑。

2001年采用直销方式的戴尔进入中国，并在中国市场上以超常规的速度，走了一条跳跃式的发展之路。2001年8月，戴尔公司打出了一条广告："国际品质，本土价格。"这标志着戴尔要正式对中国PC市场老大的联想发起正面进攻。让之前在中国市场高歌猛进的联想PC面临巨大的冲击。当时，联想在中国有几千个渠道，还有很多经销专营店。按照常规来说，直销的成本要远高于代理的成本，但是直销能够从大客户那里直接拿到需求的信息，这样就变成了定制。

在此后的两年中，戴尔公司在中国PC市场的销量以年均50%的速度增长，并将自己的市场占有率提升到第三位。面对戴尔的步步紧逼，联想如果不做出调整，不应战，自己的市场份额就会被对手风卷残云般地吞噬掉。

在2002年、2003年，联想跟戴尔竞争的时候，全都打了败仗。所以，这一仗并不被外界看好，甚至直接给联想下了战败判决书。不过，柳传志并没有被对方来势汹汹的抢夺阵势震慑到。2003年，联想对戴尔模式重新做了透彻的研究，推行双业务模式，即针对大客户和个人用户分别采用不同的关系型模式及交易型模式，重新整合供应链系统，细致地研究什么地方能合在一起，什么地方能分开，总之把行业研究透、做透。2004年底，由于战略调整成功，联想的情况开始好转。在国内市场，联想份额由2004年初最低的24%升到35%左右。2005年全线上浮，全年市场份额超过30%，将戴尔远远甩在了后面。从那以后，戴尔在中国再也没有翻过身。

创业途中，随着企业的壮大，竞争对手会纷至沓来，不要畏惧对方的强大，也不要因外界的不看好而自动退缩，随机应变、与时俱进，企业才能从容应对来自竞争者的挑战。

> "全世界的投资者到现在为止也不清楚微软怎么赚钱的，但它是赚钱最多的企业，用传统的思路去考虑网络经济也许并不一定对。"

马云微语录

◎ 市场上"变化"是唯一不变的

❝ 我们认为，除了我们的梦想之外，唯一不变的是变化！这是个高速变化的世界，我们的产业在变，我们的环境在变，我们自己在变，我们的对手也在变……我们周围的一切全在变化之中！❞

马云

互联网最大的特征是变化，因而能够预测到变化、抢在变化之前采取行动就是最好的办法。

马云在建立阿里巴巴时，不少电子商务公司是面向大企业的。然而马云却做出了与众不同的大胆预测，他认为网络的普及可能就是大公司模式的终结。因为，在网络时代，一家公司要进入他国市场并不需要太多资金，中小企业可以从网络的大量即时性信息中获得更多的市场机会。当其他人还没有意识到互联网这个动向的时候，马云就已经敏锐地捕捉到了这一变化。因此，马云想："我为什么不能给这些企业一个网络出口呢？"于是这个不同于当时任何电子商务模式的、专为中小企业服务的"阿里巴巴"就这样诞生了。

阿里巴巴对于"拥抱变化"的详细阐述是：突破自我，迎接变化。对于本行业的特点有深刻的认识，坚信变化是我们的日常生活。对于公司的变化，认真思考，充分理解，积极接受并影响和带动同事。对于变化对个人产生的影响，理性对待，充分沟通，诚意配合。在工作中善于自我调整，具备前瞻意识，建立新方法、新思路。面对变化后产生的挫折和失败，能够重新调整，以更积极的心态投入到改进中。

善于捕捉变化的马云在2000年时，再一次敏锐地捕捉到了互联网的又一个信号。这一年，网络经济泡沫破灭，国内外互联网公司惨淡经营。当时，有创办企业的朋友问马云："今年在干什么？"

"一个是在阿里巴巴搞大生产，一个是在建抗日军政大学。"马云如是作答。

马云在谈起这件事时说："他们多半在想我这个回答是在用大而化之的说法蒙他们，实际上我说的完全是真的。"事实上，这确实是阿里巴巴在2001年时的任务，而就在这一年，阿里巴巴完成了它的"中国供应商"项目。同年9月，马云向新闻界宣布："今年，阿里巴巴一定要赚上一块钱。"

世界上没有一成不变的东西，所有的事物都是在变化的。一些企业在发展过程中存在一个误区，那就是"做好了就可以守业了，不需要改变了"。要知道，业是守不住的，只有拥有持续创业的精神，积极地去迎接这些变化，认识这些变化，并相应地对自身做出调整和改善，保持持续追求卓越的理念，才有未来。

马云微语录

"阿里巴巴几乎每天要面临各种各样的挑战和变化，我以前总是强迫自己去笑着面对并立刻准备调整适应，很多时候也会骂骂咧咧的。而现在，我们不仅仅会乐观地应对一切变化，而且还懂得了在事情变坏之前自己制造变化！"

◎ 演讲实录：你不学习，不要相信你的企业会提升

2008年3月17日马云在出席深圳网商论坛时的讲话

领导者很重要，不提升，不学习的话，永远不要相信你的企业会学习、提升和进步的。我现在有今天，企业发展到9000人，除了我刚才讲的三大要素外，一个很重要的要素是，我可能一辈子学的是英文，我的机会是很好的，这几年见了很多优秀的人，高科技领域的比尔·盖茨，还有管理的、投资领域的巴菲特和索罗斯，政治领域的克林顿，跟他们成为了朋友。你见到这样的人后，思考和反思，人是平凡的，没有一个人生下来就是伟大的。

我认为领导者是不断地学习的，感受最深的一个故事是去年的冬天我去了达沃斯，大家知道达沃斯是欧洲的一个小城镇，小城镇每年都有七、八十个总统去，部长也有很多。我被他们的一个组织邀请参加晚宴，他们讲什么我也不懂得，他们说中国就我一个，进去后发现诺贝尔奖获得者有六、七个，谷歌创始人和比尔·盖茨都在里面，大家都坐房间里面，主持人请大家用五个字描绘自己是谁。

今年很有意思的事是2004年的世界经济学的诺贝尔获得者——普雷斯科特问我，你如何看待中国的经济，边上有一个老头是美国宇航局的人说，我来说看看，中国的水储量是多少，煤储量是多少，根据中国的排污量是多少，他认为中国的经济不能持续。我认为结论是很奇怪的，这个人怎么会记得住这些数字的，后来知道他们是科学界的精英。我开始讲的时候就开始胡扯了，结果诺贝尔的经济学家拿着酒杯认真地听，我知道自己在胡扯，经济学家听我讲的时候是那么的认真，所以我就知道金庸小说里的老顽童是怎样的，换句话来讲，经济学家听我讲，知道我在讲什么，我心里就有一种感动。你在员工面前将自

己当做领导的时候，别人不会将你当做领导的，这是今年感受最深刻的。看着他的眼神，我心里是有一种震撼，满头银发的诺贝尔经济学家认真地看着不懂得经济讲经济的我的那种感觉。几年前我来深圳讲这样的话，今天还讲这样的话，领导最关键的因素就是眼光、胸怀和实力。这些年一直坚持这样的想法。

领导的眼光不开阔，老是想跟高手对比的话是不行的，我们跟别人比赛是看谁看得远，谁看得高。胡雪岩讲，生意越做越大，关键是眼光，眼光看得更远，就更远。企业要用各种各样的人，往往有能力的人都有一点古怪，所以胸怀中要能容纳千军万马。领导者最怕的是要跟员工比谁聪明，该将自己比傻了，今天不讲电子商务，因为讲不过他们了，他们天天用，我想的是淘宝网和支付宝怎么办，具体来说，反馈怎么做，功能是如何做的，我都懂的话，我不是超人就是骗子。每个领域都有人比你懂，我下面的副总裁一定比我聪明，因为他90%的时间想如何做市场推广，我要装作比他能干是不可能的，领导的胸怀要包容，说起来容易，做起来很难很难的。

中篇

经营哲学：
做好CEO该做的事，让天
下没有难做的生意

第七章

C谈合伙之道：
HAPTER SEVEN

要找最适合的人，不要找
最好的人

◎ 一个人赢不了一场战争

> **"** 一个人在黑暗之中行走是可怕的，但成千上万的人一起向黑暗冲锋的时候就什么也不怕了！**"**
>
> *马云*

马云曾说他成功靠三个无：他自己没有专业技术，没有资金，没有做事的计划。

三无的人不计其数，为什么绝大多数都没有成功呢？其实我们要通过他所说的三无的表面看到三有：没有专业技术，但是手下有专业人才；正是自己不会技术，才能从微观的技术工作中解放出来，做宏观的工作，抓例外，抓管理；不会做事的领导才可能成为好领导。

凡重用众才之能者必兴，凡善聚众智之光者必明。这方面，刘邦是一个榜样。据史书记载，刘邦登上皇位后，在述其战胜项羽的经验时说："夫运筹帷幄之中，决胜千里之外，吾不如子房；镇国家，扶百姓，给馈饷，不绝粮道，吾不如萧何；连百万之军，战必胜，攻必克，吾不如韩信。此三者，皆人杰。吾能用之，此吾所以取天下。"

由此可见，创业不一定需要自己样样都行，样样才干过人，但必须学会寻找合适的合伙人。否则，任何雄才大略难以实施，任何宏图伟业都不能实现。

对于初次创业的大学生和缺乏创业经验的年轻人而言，有一个或者几个志同道合的合伙人一起参与是个不错的选择。合伙创业不仅有多人可以与你一起承担风险，而且在发展的重大时刻也会有合伙人一起分担责任和参与决策，大大降低了经营的盲目性和随意性。

马云创业之所以获得成功，离不开伙伴的帮助，阿里巴巴"十八罗汉"的创业故事已成为业界津津乐道的话题，也给一起创业的伙伴留下了美好而快乐的回忆。

彭蕾即是其中一个。被马云戏称为"组织部长"的她，当时更像个"打杂的"。"那个时候没有什么分工，哪个工作缺人，你又能做一点，就去做。其实我就是管钱的，买盒饭，打印纸没了买纸，就管这个。因为那个时候没有公司。公司是1999年9月10日正式成立的，之前我是做客户服务、出纳。"

即使后来她和老公，淘宝网总裁孙彤宇过上忙碌而富足的日子时，她仍然经常回忆创业之初的那段时间，"那个时候的一切都比现在美好。当你没有钱，条件也没有那么好的时候，那种快乐就特别清晰。"

"当时的杭州还经常停电，我们6个人在网上工作，停电了，一下子跳闸了，回过身来就开始在小板凳上打扑克。"1999年3月份，阿里巴巴的网站推出后，彭蕾等人的职责是按类型发布商业信息，但是他们也很难找到一个科学的归类标准，就不停地调来调去，"那个工作现在想起来是很乏味的，但那时可以做得津津有味。"

"每到周末，大家还会跑到马云家聚餐，我们做一堆好吃的，还一起看鬼片，看《午夜凶铃》，看着看着电话还真响了……"

"十八罗汉"从湖畔花园立誓一起创业开始，经历过数不清的大风大浪，可这些创业元老始终坚守在阿里巴巴的各个职位上，一直跟随马云，不离不弃，生死相随。假设没有这些伙伴的帮助，马云可能无法取得今天的成就。

俗话说，一个篱笆三个桩，一个好汉三个帮。可见，你如果要创业，而对自己的资金、能力、技术等方面又有所担心的话，找一个理想的合作伙伴是一件很好的事情。

如何找到高要求的合伙人？参加各种会，出现在各种场所，认识一堆人，以广撒网的心态去找人往往成功率比较低。"聚焦"才是捷径，才能快速找到同行者。

首先，创始人要对自己创业的项目有较为深入的背景调查，了解这个行业和领域中牛人有哪些，出没在什么地方，有什么人际关系。这群人他们极有可能是合适的合伙人或者竞争对手。

其次，通过一些技巧去接触、认识、了解和沟通，能高效地找到合适的合伙人。

技巧一：**熟人推荐**。熟人能够帮忙判断潜在合伙人的品性、价值观、经验等，是否与创始人匹配，减小了筛选和配对过程。

技巧二：**定向挖角**。找到想要的人，通过创始人的人脉或者借助外部力量，获取合适的人。

技巧三：**借助孵化器，天使和投资人的资源**。与这些渠道沟通，分享创业idea，要求引荐，一般都能获得靠谱的人选。

当然，还需要面临一个比较尴尬的问题。有人找了两三年还没找到，没有合伙人怎么办？建议寻找合伙人时，给出一个时间期限，临近期限还未找到，就需要反思，自己是否适合创业。

马云微语录

"我先要感谢我17位同事，17位创业者，没有他们信任我，就没有阿里巴巴的今天，无论发生任何事情，他们总是坚定地站在我后面。"

◎ 做企业应避免"兄弟党"

> **❝ 创业者们应该尽量避免亲情因素，因为就历史统计数据来看，没有多少兄弟企业能真正意义上做到非常强大。❞**

马云

单靠一个人去单枪匹马闯天下，其难度可想而知。即使你深谙经营之道，也需要有人在关键的时候来帮你一把。因此，你需要一个适合的创业伙伴与你一起打天下。但是，创业是一件美妙而又痛苦的事，也是一件严肃的事情，选择合作伙伴一定要非常谨慎。

曾经，在阿里巴巴云计划平台上一则名为"和兄弟合伙创业刚开始就被抛弃"的帖子引起了极大的关注，网商们的热烈讨论吸引了马云的关注。在多达300条的跟帖回复中马云与网商们一起进行了讨论，劝诫小企业主们在做生意时应尽量避免"兄弟党"。

面对发帖者对于刚刚创业成型就被哥哥放弃合作的迷茫，马云的话还是一贯性的犀利，直言创业者们应该尽量避免亲情因素，因为就历史统计数据来看，没有多少兄弟企业能真正意义上做到非常强大。与此同时，马云也告诫广大创业者一定要摆正自己的位置，只有摆正了自己的位置，才能够积累起日后成功的经验。

最近在看到果壳同人于野（万维钢）的《弱联系的强度：人脉、信息和创新》的文章的时候，我看到他给创业者提供了以下建议：

社会学家Martin Ruef 问卷调查了766个在斯坦福大学获得MBA学位，然后又曾经至少尝试过自己创业的"企业家"，他想从中发现弱联系和创新的关系。Ruef 统计了这些MBA们所创办公司的人员构成和信息来源，并且使用各种办法评估这些公司的创新能力，比如考察是否推出了新产品或者新的销售手段，是否打入国际市场，有多少专利，等等。

Ruef发现，这个创业想法来自与家人和朋友这些强联系讨论的，只占38%。而来自与客户和供货商这类商业伙伴这些弱联系讨论的，则高达52%。另有人则是受媒体或专家启发。可见好想法来自弱联系这个定律从创业之初就管用。

而Ruef使用一个创新评估模型发现，弱联系团队的创新能力差不多是强联系团队的1.18倍。更进一步，如果这个团队成员在此之前从来不认识，那么这个团队的创新能力还可以更高一点。

这些调查向我们呈现出一个具有一定普适性的规律：与熟人合伙成功的概率低于与弱关系人合伙。

如今像Facebook、微信、陌陌等许多社交服务的软件如雨后春笋般地出现，也无不是这一理论的有力佐证。我们不得不承认，在法律环境并非完美的市场环境中，合伙人由熟人，甚至亲友或配偶构成是最为安全的选择。除了对企业安全的考虑，个人的社交资源匮乏也是许多创业者选择熟人做合伙人的原因。在初期，这种选择可以让企业绕过很多危机，遗憾的是，当企业发展之后，这种人情体系便会通过扼杀企业的规则管理来达到自我保护的目的，而这，显然是对企业最大的重创。

对于创业者而言，影响未来成就的除了激情外，信息也是关键，所谓"别跟熟人合伙"，其实是别跟信息同质的人合伙。

选择合作伙伴，最重要的是要挑选合适的、互补的合伙人，相互之间能够做到信任、理解和团结一致。就像《中国合伙人》中黄晓明、邓超、佟大为三兄弟饰演的角色一样分工明确，为了共同的梦想毫不退缩。

《中国合伙人》讲述了土鳖黄晓明、海龟邓超和愤青佟大为从20世纪80年代到21世纪大变革背景下，三兄弟为了改变自身命运，创办英语培训学校，最终实现中国式梦想的屌丝逆袭故事。一般人都觉得，选择合作伙伴，拉熟人入伙肯定比外人更靠谱、更有保障，可事实上，当亲友变成合伙人，事情往往不像想象的那么顺遂。有了分歧和矛盾，如果不能及时化解，生意谈不成是小事，更有可能因此伤了和气，连朋友都做不成。因此，在创业之前一定要了解合伙创业的优劣，分析对比之后，谨慎选择。

如果两个人合伙不能建立一种各方面互补的关系，很难走长远。这不得不让我们思考，创业合伙在目前的市场经济下其实也是在打一个信息牌，怎样整合资源，充分合理利用彼此的信息圈子，减少创业成长的阻力，发展起来成功率就好很多。

> "合伙的时候一定要摆正自己的位置，只有摆正了自己的位置，才能够积累起日后成功的经验。"

马云微语录

◎ 谁是你的最佳搭档？

" 清官难断家务事，但是既然他是大股东，要么听从他，要么说服他。还有一个选择就是离开他，自己去做。"

马云

在如何选择自己的合伙人这个问题上，人们总是有着太多习惯性的标准，遗憾的是，这些标准大多是对即将创办的新企业没有帮助的，甚至，还可能是埋下了一颗不确定引爆时间的定时炸弹。

合伙人在自然状态下产生，是最常见的一种错误。或许是一次周末聚会的交流中，大家发现了一个潜在的市场空间，于是，在场的所有人就成了创业团队的成员。

然而，这些人中可能有许多凑热闹的人，甚至是对创业的领域毫不熟悉的人，也一并被吸收进团队，这就为日后危机的出现种下了种子。正确的方法应该是，按照口头的创意素材静下心好好写出一份计划书，然后根据计划书的要求，再仔细甄选合伙人的人选。

那么，我们如何选择创业的伙伴？选择怎样的合作伙伴？建议你必须考虑以下这几个方面：

1. 人品好

这是合伙人相互信任、相互合作的前提基础。刚开始创业，没有那么多经验或精力去规范和约束，更多的是激情和自发。选择人品好的合作者可以使企业少走弯路。对于那些人品有问题的人，即便他有天大的本事，也要敬而远之。

2. 能共同承担风险

你必须仔细考虑自己是否能够独立承担创业的风险。如果你经过深思熟虑，发现自己能够独立承担创业给你带来的风险，你最好独立创业。因为我们前面已经说过，你的合伙人能够和你一起承担创业的风险，但肯定会带来矛盾和问题，正所谓"有一利必有一弊"，鱼和熊掌不能兼得。当然，经过你的深思熟虑，你觉得自己独自一个人实在无法承担创业的风险时，你就要考虑合伙创业。不过选择合伙创业时，也要慎重考虑，有面对突变情况的能力。

3. 互补性强

与人合伙创业，归根结底是为了能够添加助力。所以，作为一个创业者，你必须知道你能够从你的合伙人那里得到些什么，你又能为你的合伙人提供些什么，你们彼此之间是不是能够形成一种互补关系。互惠互利是寻求合伙人的很重要的目标。对于普通创业者来说，一般有四种合伙人可供选择，一是资金合伙人，二是技术合伙人，三是资源合伙人，四是能力合伙人。你只有明确知道自己擅长什么，缺什么时才能找到最佳的组合，成功地实现优势互补。

另外，最好在性格上和为人处事的方式上能形成一个互补。有人强势一点，有人温柔一点；有人张扬一点，有人内敛一点。如果他们能有相似的价值观就更好了。这就是所谓的"君子和而不同"。但是如果两个人都是火爆脾气，就跟两夫妻似的，每天"针尖对麦芒"，肯定也会打架。

4. 善于沟通

你要充分考虑到你自己的性格是否适合和别人合伙创业。独立创业尽管需要一个人来承担各种风险，但是却是一个人当老板，就是你一个人说了算。而在合伙的企业中，合伙人都是老板，你们之间的地位彼此平等，不能一个人说了算。在合伙企业中，合伙人的关系与老板和雇员之间的关系不同，合伙人之间一定要彼此尊重，互相谅解。合伙人之间的关系比我们普通人之间的关系更复杂，更难以处理。所以，对于那些性格上存在这样那样问题，尤其是不善于跟别人合作的人，缺少团队精神的人，最好不要搞合伙创业，否则，等待你们的就只有一条路：失败！

5. 共同的目标

合伙人间矛盾的根源往往是目标不同。为了尽量避免日后发生冲突，在选择合伙人时，双方应对目标进行更多地探讨。

加入一个创业状态的新企业，有的人看重的是在其中可以获得个人发挥的空间；有的人则是出于经济回报的考虑；还有的人既要获得经济回报，同时还要拥有个人实现的满足感。当创业团队中的人在对企业的期求不一致时，冲突便会出现，这种冲突一旦表面化，必然对企业造成元气大损的伤害。

6. 共同的理念

情侣之间、夫妻之间，刚开始的时候都是柔情蜜意，但是这个蜜月期一过，各种各样的问题都出现了。创业也是这样，斗志昂扬的初创期之后，公司会遇到越来越多的问题，是往左走还是往右走；是要张三的投资，还是要李四的融资；产品应该是这么做，还是那么做；这是每个企业必经的成人礼。就算大家在为了同一个梦想走到一起，但是在这些琐碎的小事上，大家的利益点，实际上是不一样的。所以，相同的经营理念是确立长期合作关系的基础，它可以使所有成员都步伐一致地朝着同一个方向努力。若是对方与你的理念有着较大差异，结果自然是分道扬镳。

总之，创业者一定要注意，选择合伙人时，一定要慎重，看看对方是不是最适合的，虽然他也不一定是最优秀的，因为质地好的皮鞋不一定适合你的脚。要把选择合作伙伴当做一项重要的工作来做，因为它关系到你创业的成败。

马云微语录

"说服他，听从他，配合他还是离开他，很简单的几个选择，不要想得那么复杂，跟是不是亲戚没有关系。跟任何人合伙都会有不同的意见，哪有合伙不吵架的，不吵架的合伙人是一定做不成生意的。"

◎ 以江湖方式进入，以商人方式撤出

> "18位阿里巴巴创始人辞去'创始人'的身份，将变成集团合伙人。"
>
> 马云

2009年9月10日，阿里巴巴集团董事局主席马云称，阿里巴巴18位创始人已经集体递交辞职信，辞去创始人的身份，重新竞聘上岗。

马云表示，阿里巴巴已经告别创始人时代，进入了合伙人时代，这些创始人的身份不再是创始人，而是合伙人。马云认为，这样的举措能够让阿里巴巴一切从零开始。马云的这种举措虽然不是散伙，但是在某种意义上来讲也是阿里巴巴初期合伙创业者的一次集体谢幕。

虽然说合伙创业的合作伙伴都是以长期合作，把企业做大做强为初衷，但是事情的发展往往不按人的意志行事，合作企业的拆伙也是难以避免的。这正应了那句古话："天下大势，分久必合，合久必分。"若是提前有一个合理的、规范的撤出约定或者机制，如同婚前就进行过财产证明一样，就会减少很多纠纷。

在商业意识远未成熟的20世纪90年代，很多民营企业的组织演变和江湖上的帮派没什么区别。万通六君子"江湖方式进入，商人方式退出"的方式成为了那个时代的永恒经典，并为后来人留下了一个如何处理创始人关系的绝佳案例。

1988年，冯仑受国务院体制改革委员会下属中国经济体制改革研究所委派，去海南筹建海南改革发展研究所。研究所的业务被分为三部分：一部分做研究，一部分搞经营，一部分办杂志。

在当时，冯仑提出，招聘的人至少要学过两个专业。在冯仑招聘的过程中，王启富和易小迪先后加入了研究所。王启富毕业于哈尔滨工业大学，之后又到中国政法大学学了法律，当时在一家国营的秀港工业房地产公司做办公室主任，后来跳槽到研究所。易小迪是北京师范大学地理系毕业、人民大学区域经济专业研究生，在中央党校第一次见到冯仑并有过交流后，就跟着冯仑去了研究所。

来到研究所后，王启富告诉冯仑，他的原领导——秀港公司总经理叫王功权，是一个非常有理想的热血青年，一定要介绍给冯仑。于是，通过王启富，冯仑认识了王功权并成为了非常好的朋友，王功权又把自己的搭档刘军介绍给了冯仑。

后来，海南改革发展研究所被解散，冯仑回到北京，加入了南德经济集团。冯仑到南德后，王启富、王功权和刘军也先后加入了南德。因为四人聚在一起，关系也更加密切。

1991年，冯仑等人离开了南德，再次来到海南开始创业。1991年9月13日，海南农业高技术联合开发投资公司（简称"农高投"）在海南正式成立，创始人为冯仑、王功权、刘军、王启富、易小迪和李宏（黎源）。为创办公司，6个人一共凑了三万多块钱，这些钱大多用在注册公司等前期费用上，拿到执照后只剩几百块钱，是一个典型的"皮包公司"。冯仑等人就此开始了在海南的"淘金"之旅。除去王功权、冯仑等6个"高层"，只有两个员工，一个是王功权的老婆，一个是王启富的哥哥，大家一起干活、一起吃饭，谁也没把自己当"干部"。

在20世纪90年代初期，虽然诞生了很多企业家，但即便是企业家自己也搞不清楚公司法，大家全是凭着单纯的理想、信念和追求走到一起的。

在第一次界定合伙人利益关系时，冯仑等人采用的是"按资排辈，利益均衡"的办法。大家虽然职务有差别，但利益是平均分配的。当时，王功权担任法人代表和总经理比较合适，冯仑则担任副董事长，王启富、易小迪和刘军担任副总。1992年初，潘石屹加入了公司，最初担任总经理助理兼财务部经理，后来成为副总。

虽然给每个人定了岗位，但是没有细分权利，公司所有事情都是6个人一起商讨，最后由王功权根据大多数人的意见来敲定结果。

1992年，"农高投"在海口通过操作"九都别墅"项目，赚得了"第一桶金"。1993年1月，"农高投"增资扩股，改制为有限责任公司形式的企业集团，即万通集团，主要股东除冯仑、王功权、刘军、王启富、易小迪还有后来加入的潘石屹以及中国华诚财务公司、海南省证券公司等法人股东，由冯仑担任董事长和法人代表。

在之前，公司的合伙人关系是虚拟的，没有股权基础。通过这次改制，冯仑等人开始建立了财产基础上的合伙人关系。冯仑提出一个观点：存在即合理，他在，就是百分之百；不在，就是零。由于是平均分配，大家说话的权利是一样的，万通专门成立了一个常务董事会，重大的决策都是6个人来定。

刚开始的几年，6人配合得很好，也协调得很好。从1995年起，万通的业务开始分布到北京、上海、长春等地，6人开始在不同省份负责各地的业务。由于当时沟通不便，造成信息不对称。再加上6个人性格不同、地域和管理企业的情况不同，分歧不可避免地出现了，大家的沟通也有了障碍。大家对公司的发展战略和企业管理上产生了不可调和的矛盾。有的人主张进行多元化，有的人认为应该专注核心业务；有的人不愿意做金融，有的人不愿意做商贸。虽然在冯仑和王功权的主导下，万通进行了一些资源整合，但内耗比较大，最后导致公司出现亏损。

就此，万通陷入了进退两难的地步。为了给万通找一个好的出口，冯仑试图通过学习来解决。冯仑让大家读罗尔纲的《太平天国史》，告诉大家要有耐心，在没有想出办法之前不能演变成"天京之变"；还找来鲁迅的一些文章，例如，《韧性的战斗》，鼓励大家要坚持。为了搞明白组织应该如何进化，冯仑甚至研究了土匪史，看英国人贝思飞写的《民国时期的土匪》，专门研究土匪的组织架构，还看过《水浒的组织结构》。在《野蛮生长》一书中，冯仑写道：那时我住在保利大厦1401房间，潘石屹住在楼下，我们很痛苦地讨论着，等待着，就像一家人哪个孩子都不敢先说分家，谁先说谁就大逆不道。

就在6个人都很纠结的时候，事情发生了意想不到的转变。王功权去美国管理分公司的时候学习了先进的企业管理理论；潘石屹也认识了从英国归来的张欣，张欣把西方商业社会成熟的合伙人之间处理纠纷的商业规则带给了万通；美国著名经济学家周其仁的"退出机制"和"出价原则"也给了冯仑很大启发。

回国后，冯仑提出"以江湖方式进入，以商人方式退出"。虽然是商人方式，但冯仑等人只是对资产进行了大致的分割，并没有锱铢必较。离开的人把股份卖给留下的人，留下的人股份平均增加，把手中的某些资产支付给离开的人。

分手后，万通六君子都实现了各自的精彩。冯仑、潘石屹和易小迪成为了地产界的大鳄，王功权成为了知名的风险投资家，王启富和刘军也在其他领域开创了一番事业。在中国改革开放后的商业史上，万通六君子"以江湖方式进入，以商人方式退出"的事件则成为了一段佳话。

美国企业家老洛克菲勒有句名言："建立在商业基础上的友谊永远比建立在友谊基础上的商业更重要。"由于我国的传统文化的影响，在创业阶段，创业团队往往习惯于用道义凝聚成员，但这缺乏持续性，也不稳定，最后还是需要依靠商业规则和制度的力量来妥善地解决。

所谓，无规矩不成方圆，若是创业之初就约定好进入和撤出条件，合伙人之间订立一个君子协定，不仅可以避免纠纷，还是合伙企业结束时个人利益的一个保证。

马云微语录

> "我们收到了18个阿里创始人的辞职信，我们所有的18个人辞去了自己创始人的职位，因为我们知道，阿里巴巴将进入一个新的时代，进入合伙人的时代，我们18个人不希望背着自己的荣誉去奋斗，我们今天晚上将是睡得最香的一个晚上，因为今天晚上我们不需要说因为我是创始人，我必须更努力，因为今天我们辞去了创始人。"

◎ 建立一个完善的合伙人制度

" 我坚持的合伙人制度，不是对传统意义上的股份制和契约精神的颠覆，而是完善。合伙人制度就是想让一群有头脑的人，来控制企业，让企业保持创造力。"

马云

谈到合伙，谈到合伙创业，就不能不提合伙人制度。合伙人制度是指由两个或两个以上合伙人拥有公司并分享公司利润，合伙人即为公司主人或股东的组织形式。其主要特点是：合伙人共享企业经营所得，并对经营亏损共同承担无限责任；它可以由所有合伙人共同参与经营，也可以由部分合伙人经营，其他合伙人仅出资并自负盈亏；合伙人的组成规模可大可小。合伙制因具有独特的较为完善的激励约束机制，曾被认为是投资银行最理想的体制。

合伙人制度是高盛公司最引以自豪的公司架构，正是由于合伙人制度的实施，高盛公司才有了一百多年的持续成长。高盛的成功之道是顾客至上和追求长远利益这两条不变的价值观，再加上合伙人制度的激励机制，构成了高盛百余年来长盛不衰的绝对秘诀。而事实上，前两条价值观的确立也与合伙人制度本身密切相关。

20世纪90年代以来，在高盛全球闻名的华尔街"85"号大楼总部一直是投行精英们最梦寐以求工作的地方，能够成为高盛合伙人就意味着拥有数不尽的财富。高盛对合伙人的惩罚和激励机制非常明确，高管人员普遍具有强烈的风险意识和责任意识。这也形成了高盛特有的追求长期价值、雄心勃勃的文化。高盛成为有抱负的银行家首选银行，在这里工作是身份的象征。高盛合伙人制度的优势在于：

1. 吸引优秀人才并长期稳定

高盛全球有2万余名员工，但只有300名合伙人。合伙人年薪达百万美元以上，拥有丰厚的福利待遇，并持有公司股份。因此，有利于吸纳优秀人才并保持长期稳定。

2. 高风险意识与强责任意识

在这100多年承销股票和债券的过程中，合伙制的投行意味着合伙人承担了由于业务失误或是公司业绩下滑、业绩虚假带来的全部连带责任，这种沉重的压力使得合伙人更重视产品的质量的控制和风险的把握，也使得证券投资人对这些投行推荐的证券质量产生信心，进而对投行本身产生信任。

3. 避免薪酬攀比过高

长期稳定的合伙人队伍将从公司利润中分享利益，所以不会带来薪酬的相互攀比。

合伙人制度常见于投资银行和咨询公司等。也正是合伙人制度这种形式，使得西方的投资银行在100多年中，得以将才能最优秀的业内精英集结在一起，形成了一种独特、稳定而有效的管理架构和创新文化，并先后产生了诸如摩根、美林、高盛等优秀的投资银行。麦肯锡也是合伙人制度，这一合伙人制度保证了麦肯锡作为一家咨询公司独立和客观的文化。

2009年，酝酿许久的阿里巴巴合伙人制度终于浮出水面。在阿里巴巴集团成立14周年的日子，马云向全体员工发送了一封邮件，详细阐述了阿里巴巴合伙人制度。这也是阿里巴巴集团首次对外正式宣布合伙人制度。

马云在邮件中解释说，阿里巴巴能够走到现在，不是18个创始人的功劳，而是他们创建的文化赋予了公司旺盛的生命力。这种持久的生命力不会因为创始人的离去而减弱，反而会带领阿里巴巴走得更稳健、更长远。

马云邮件中还透露说，过去的三年，公司认真研讨合伙人章程，在前三批28位合伙人选举的过程中，对每一个候选人激烈地争论，对公司重要的决策深入讨论，积累了很多经验。在三年试运行基础上，相信阿里巴巴合伙人制度可以正式宣布了，并且有着自己的特点：

（1）由2010年开始实行；

（2）须至少于阿里巴巴工作5年以上，具管治能力及认同公司文化；

（3）合伙人每年遴选一次，无既定名额；

（4）合伙人由现任合伙人一人一票选出，须获75%以上同意才可当选；

（5）当选合伙人并无任期，直至离职或退休为止。

阿里巴巴出台合伙人制度，正是希望通过公司运营实现使命传承，使阿里巴巴从一个有组织的商业公司，变成一个有生态思想的社会企业。为此，阿里巴巴集团希望更多的阿里人涌现出来加入合伙人团队，使公司的生态化组织拥有多样性和可传承性，保持源源不竭的发展动力。

"合伙人制度"可以有效承载公司的使命，从而为客户、员工及股东创造长期价值。另外，这种"合伙人制度"，也可带来公司管理层面的新气象。

马云微语录

"合伙人，作为公司的运营者，业务的建设者，文化的传承者，同时又是股东，最有可能坚持公司的使命和长期利益，为客户，员工和股东创造长期价值。"

◎ 演讲实录：我只关心控制这家公司的人

2013年9月10日马云发布的内部邮件

人总有生老病死的那一天。阿里巴巴的创始人有各种原因会离开这家公司。我们非常明白公司能走到今天，不是18个创始人的功劳，而是他们创建的文化让这家公司与众不同。大部分公司在失去创始人文化以后，会迅速衰落蜕变成一家平庸的商业公司，我们希望阿里巴巴能走更远。

如果不出大的意外，我们公司将有机会参与并见证中国电子商务零售过十万亿那一天。但我们不希望成为一家只是能卖几万亿货的公司，我们希望自己能在未来的发展中，不断培养出无数的如同淘宝、支付宝、余额宝……

怎样的制度创新才能实现我们的梦想呢？从2010年开始，集团开始在管理团队内部试运行"合伙人"制度，每一年选拔新合伙人加入。

我们建立的不是一个利益集团，更不是为了更好控制这家公司的权力机构，而是企业内在动力机制。这个机制将传承我们的使命、愿景和价值观，确保阿里创新不断，组织更加完善，在未来的市场中更加灵活，更有竞争力。这个机制能让我们更有能力和信心去创建我们理想中的未来。

阿里巴巴并非是某一个或者某一群人的，它是一个生态化的社会企业。运营一个生态化的社会企业，不能简单依靠管理和流程，而越来越多的需要企业的共同文化和创新机制，以制度创新来推动组织升级。

我们不一定会关心谁去控制这家公司，但我们关心控制这家公司的人，必须是坚守和传承阿里巴巴使命文化的合伙人。我们不在乎在哪里上市，但我们在乎我们上市的地方，必须支持这种开放、创新、承担责任和推崇长期发展的文化。

第八章

C 谈赚钱秘诀：
HAPTER EIGHT

让别人跟着鲸鱼跑吧，我
们只抓虾米

◎ 最赚钱的模式往往是最简单的

◎ 如果蚂蚁走得好，大象也搞不死它

◎ 没有产品质量作保障，冲得快，死得快

◎ 成功始于口碑，服务决定未来

◎ **演讲实录：阿里人必须看到后天的太阳**

◎ 最赚钱的模式往往是最简单的

> ❝我深信不疑我们的模式会赚钱的，亚马逊是世界上最长的河，8848米是世界上最高的山，阿里巴巴是世界上最富有的宝藏。一个好的企业靠输血是活不久的，关键是自己造血。❞
>
> 马云

在经营企业的过程中，创业者光有激情和创新是不够的，它需要很好的体系、制度、团队以及良好的盈利模式。

现在的商业巨头在当初都是从小企业秉持成功的商业模式一步步走过来的：沃尔玛是开杂货店的，可口可乐是卖汽水的，微软是卖软件的，国美是开电器店的，海底捞是开火锅店的。这些普通的行业的成功说明什么？其实说明一个道理：无论做什么行业，做什么项目，都能成功，关键是你要找出成功的商业模式，并把商业模式的盈利能力快速发挥到极致。

海底捞之所以能够在一片火海中杀出重围就是在用户体验创新和商业变现上找到了一个合适的平衡，创造出了新的商业模式。

海底捞在用户体验创新上投资不小，比如被称为"变态服务"的：等位时，有擦皮鞋、美甲等服务，顾客入座后，立马会送上绑头发用的皮筋、围裙、手机套，就餐期间会有服务员不时递上热毛巾。

免费策略是非常有效的竞争策略，企业在制定产品价格时，务必要将免费策略考虑在内。所谓免费，并不是真的完全免费，而是顾客在消费之前应有一个免费体验的过程，消除对高价陷阱的担忧，减少成交障碍。海底捞设立等位区，将免费服务做到了一个高度。

为了让免费赠送更加深入人心，海底捞的整体布局划分为三大区域：厨房区、就餐区和等位区。和大多数火锅店比较，海底捞的厨房区和就餐区并无新奇之处。真正独特的是等位区。不论火锅店的店铺的租金多贵，海底捞一定要从总面积中分隔出五分之一大小的空间，作为等位区。等位区的环境和服务丝毫不亚于就餐区的标准。

海底捞的商业变现能力同样强大，它的60多家分店，大多都人气火爆。比如，海底捞的北京分店大部分时间能保持每晚高达5到6桌的翻台率，支撑这种翻台率的就是海底捞独特的等位模式，提前预定或者两三个小时的等位时间已经成为海底捞的特色之一。海底捞每天都排队的现象也是上述免费经济带来的市场效应。

商业模式就是企业为自己规划的前进方向，它分成几个环节。第一，当你刚开始创业的时候要构建一个商业模式，或者更简单地说要构造一个战略，这个战略就是你要做什么而不做什么，也就是产品战略，或者叫产品模式。第二，用户模式。你要回答瞄准的是什么样的用户，给什么人提供什么样价值的东西。第三，市场模式。在市场中，你将怎么定位自己，用什么样的行销模式去推广。第四，当你有很多用户的时候，可能才去想怎么把用户转换成收入，这才是盈利模式。

我们从海底捞可以看得出来优秀的商业模式一般有三个特征：

1. 有特色

特色就是生命力。设立等位区并不是海底捞的专利，但是它增加免费食品，为顾客提供超值服务，为传统的模式注入了新的氧气，使得这种模式充满个性和魅力。像大家熟知的星巴克也是在免费上做文章，为顾客提供免费上网服务，方便了顾客商务办公，使得星巴克咖啡的附加值翻倍增长。

2. 能获利

企业经营的目的就是获得效益，无法获利的模式是没有长久生命力的。第三极书店曾经作为体验经济的一个例子被传播，它的装修、用户体验设计、书局布置、会员活动等都投入了不少精力。可是不久后第三极书局撤离第三极大厦，原因是盈利能力不好，长期亏损。第三极没能在用户体验和商业实现中找到一个平衡点，只能黯然离去。

3. 简单

所有好的商业模式都是非常简单的。好的商业模式应该是只需要一次创意，然后去复制就可以了。简单到当你复制的时候，招过来的人按照手册，1、2、3都会做，不好的商业模式是复杂的，现实的前提很多，比如说在什么什么条件之下，并且在谁到场的其他什么情况下，才能够去实施的创意，它就不是一个好的商业模式。

失败的企业大体相似，而企业的成功之路则各有千秋。但成功道路上的共同点就是每个成功的企业都是找到了适合自己发展的独特的经营思路和商业模式，并不断随着经营环境、竞争因素以及消费者变化来调整和升级自己的商业模式。

没有夕阳的产业，只有夕阳的企业；没有夕阳的企业，只有夕阳的思维。在市场千变万化、竞争日益激烈的今天，我们的企业要想脱颖而出、发展壮大，必须设计适合自己的、富有竞争力的商业模式。这种商业模式不需要企业全面的超越，能够在某一点上比别人做的好一点，就能赢得更多的机会，这种机会叠加可以逐级放大，最终造成企业与企业间巨大的落差。

马云微语录

"创业的时候，大家要做自己最容易做好的，做该做的事情，别去做自己不该做的事情。尤其初创的时候，你的模式要单一，简单，会说清楚，不要怕单一别人会拷贝，别人不一定像你一样特别想把这件事情做出来。优秀的公司模式都是单一的，复杂的模式往往会有问题，尤其是刚刚初创。"

◎ 如果蚂蚁走得好，大象也搞不死它

❝ 我们只要抓些小虾米。我们很快就会聚拢50万个进出口商，我怎么可能从他们身上分文不得呢？❞

马云

马云做客"青年创业大讲堂"，面对数千大学生开讲"阿里巴巴是如何炼成的"，在回顾自己创立中国黄页时表示，"如果蚂蚁走得好，大象也搞不死它"。

我们处在一个信息时代，互联网和技术的演进使这个世界发生了翻天覆地的变化，在20世纪，信息技术旨在帮助生产商，但在21世纪，信息技术旨在为消费者服务。马云认为这对于大企业来说是一场灾难，但是对于中小企业来说则是一个巨大的机会，在这场金融危机中，我们看到貌似强大的大企业倒下去了，所有中小企业都感受到了这场金融危机带来的阵痛，但内心深处对自己能幸免于难都感到非常高兴。

淘宝已经很大了，平台急需精细化运作，这也是马云为什么提出小而美，于是马云先从内部进行小而美的拆分，拆分出了：淘宝、天猫、聚划算、一淘。马云坦言自己的企业也是中小企业，处于起步阶段，因为当我的企业规模小的时候，将会有更多的机会。

当今社会是个越来越个性化的时代，社会群体的审美标准也呈现出多样化、个性化的特点，而这也正需要企业去为各种各样的群体提供私人定制般的服务，小企业可以通过互联网将这些信息聚拢，因小而大，这也将催生越来越多的小而美的企业。

马云曾在2012年的网商大会上这样说：

"未来几年，我们会专注电子商务的几个重要的趋势，第一，小就是美，

Small is beautiful，这次大会，我们看到小就是美，几年前我去一趟日本，一个很小的店，门口挂了一个牌说本店成立147年，我就很好奇，我跑进去一看，一个卖糕点的小店，老太太说我们这店开了147年了，就是两夫妻、一个孩子，日本天王也买过我们的糕点，脸上洋溢着幸福的笑容。做得好比做得大更为幸福。中国文化里面讲，宁为鸡头、不愿凤尾，中国的文化、东方的文化，做小企业更有味道，未来的企业，小就是美，小和好更关键，更加灵活。"

为了小而美，阿里基本决定在公司内部做了决定，全面推出双百万战略，即将全力培养100万家年营业额过一百万的网店，帮助100万家年营业额100万的小店。马云觉得企业做超级大，是一个变态，是不正常，就像人长得比姚明还高，就本来不正常，一般一米七几正常，所以中国的企业，"不大"是最有味道，最好的。

马云认为，"双百万"计划就体现出网商"小而美"的特点。

那么，怎么样才能做到小而美呢？

1. 精准清晰的定位

营销大师菲利普·科特勒在《营销管理》中概括："定位就是对公司的产品进行品牌设计，从而使其能在目标顾客心目中占用一个独特的、有价值的行动。"里斯和特劳特在他们的著作《定位》中则一再强调，"定位不是你对产品要做的事，而是你对预期客户要做的事。"换句话说，"你要在预期客户的头脑里给产品定位。"那么定位应该是针对用户心智进行定位，比如去头屑，用海飞丝；怕上火，喝加多宝；民俗跟时尚结合的服装，买裂帛，等等，可以通过定位占据用户的心智资源，当用户需要购买什么东西的时候，能够进行品牌的联想，同时自身的定位也就决定了产品的方向以及产品的表达方式。

2. 产品差异化

产品的同质化结果，就是降价求售，所以价格的压力逼迫企业必须不断地创新，这里的创新不单单是产品的创新，也包括服务的创新、营销手段的创新，而这里的创新就是需求差异化的过程。

产品差异化的概念是美国经济学家张伯伦在1933年出版的《垄断竞争理论》一书中提出来的。产品差别指同一种产品在质量、外形、包装、品牌、服务等方面的细微差别。例如，同样的自行车，质量高低不同、型式不同、颜色不同、品牌不同，放在不同商店出售，这些都属于自行车的产品差别。

张伯伦强调，有产品差别就会引起垄断，因为有差别的产品可以用自己的产品特色垄断一部分消费者，即垄断自己的目标客户。例如，瑞士的斯沃琪手表以其款式的多变，作为时装表吸引追求潮流的年轻人。斯沃琪每年都不断地推出新式手表，以至于人们都焦急地期待新产品的出现。许多人拥有的斯沃琪手表都不止一块，因为他们希望佩戴不同风格和颜色的手表。有位商人拥有25块斯沃琪手表，每天他都要换一套西服、领带、衬衫和一只斯沃琪手表。斯沃琪倡导了一种新的手表消费文化。

3. 营销手段差异化

目前市场上很多产品很难差异化，行业的创新率低。这就需要营销手段差异化。差异化营销，核心思想是"细分市场，针对目标消费群进行定位，导入品牌，树立形象"。也就是说在市场细分的基础上，针对目标市场的个性化需求，通过品牌定位与传播，赋予品牌独特的价值，树立鲜明的形象，建立品牌的差异化和个性化核心竞争优势。

差异化营销的依据，是市场消费需求的多样化特性。不同的消费者具有不同的爱好、不同的个性、不同的价值取向、不同的收入水平和不同的消费理念等，从而决定了他们对产品品牌有不同的需求侧重，这就是为什么需要进行差异化营销的原因。例如，诞生于1920年的美国高洁丝，是世界上第一个妇女卫生巾品牌。在分析了中国的市场情况之后做出决策，金佰利将成熟的高洁丝新产品带进中国市场，在市场广阔、卫生巾品牌众多的中国市场，高洁丝着眼于高端卫生巾市场，除了秉承了金佰利一贯的高端路线，更发挥了其高端市场的经验和优势。经过长达几十年的开拓与发展，高洁丝卫生护理产品已畅销世界。还有不少营销手段差异化的例子，例如，通过饥渴营销的小米手机和苹果手机等。营销中存在各种战术和方法，需要我们结合自身的产品进行差异化营销，同时找到最适合的营销手段。

4. 找到一个点，做到极致

乔布斯将用户体验做到了极致。一个买卖的过程涉及太多的点了，供应链、产品、服务、营销手段等，在企业足够小的时候，我们不能够进行多点铺开，我们应该找到适合自己的突破点并将其做到极致。

一家企业应该是保持其核心竞争力还是应该多元化发展才能赶超其同行，这是很多公司面临的一个棘手的问题。多元化既是一条企业快速成长之路，也是一条充满风险的高危发展之路，特别是非相关多元化。现在，很多企业偏爱多元化发展，爱攀比规模，盲目进行多领域扩张，企业是越做越大，但并没有越大越强。就如同在不牢固的地基上盲目建高楼，根基不牢地动山摇，内在的基础很不扎实，高楼很容易成危楼。

当然，如果你有这样的能力，是无可厚非的，但需要注意的是，企业在选择做大的同时，也要走得好、走得稳。但如果你的企业还远没有达到这个能力的时候，还是应该从小做起，从专业做起，用自己独特的魅力网罗顾客。

马云微语录

"在20世纪，企业规模更大就意味着更好，大企业有大工厂，大资本，所有东西都要大。现在比的不是你的机器有多快，或你的设备有多少，而是你转变自己以满足市场需求的速度够不够快。"

◎ 没有产品质量作保障，冲得快，死得快

❝没有产品质量做保障，冲得快，死得就会更快。❞

马云

质量是企业的生命线，每个创业者都很明白这个道理，马云也不例外。虽然经营的是电子商务，是一种无形产品，但他对质量依然非常重视。马云说："怎么从细节做起，质量是企业的生命，所有企业都在这么说。"可见，马云更关注的是如何把质量落实到细节之处。

马云在离开CEO职位前的最后一次新闻发布会上说："我想了很久，我一直在想什么事是我离开CEO以后会非常遗憾、后悔，该做没有做的事情。"这件事就是打假。他表示，必须采用更多手段彻底打掉这个"毒瘤"，因为淘宝成立10年来，"野火烧不尽，春风吹又生"的假冒伪劣产品让他最为痛心："10年来让我最痛心、最难过的是，每次买家说我们在上面买到了假货，卖家说我们的产品在你们这儿受到了侵权，其实淘宝是最大的受害者。"

相比担心阿里巴巴从现有的1万亿到未来有可能的8万亿、10万亿业绩，马云更多的还是担忧未来或将成为公司"癌症"、"肿瘤"的假冒伪劣产品，他觉得保护知识产权，打击假冒伪劣产品，这个工作假如不做好，自己一定会后悔。

淘宝全面开始打击假冒伪劣商品是从2012年开始，打击力度很大，反弹力量也非常厉害，当时假货势力通过游行示威等方式激烈反对。

为了保护买家，淘宝制定了详细的奖惩措施，比如，《天猫分则》第29条规定对会员的一般违规行为进行以下处理："商家因一般违规行为，每扣12分即被给予限制参加天猫营销活动7天、向天猫支付违约金1万元的处理。"这

样的话，违约金—扣分—投诉—差评这个闭环形成后，也就是说有差评就有可能投诉，有投诉就有可能扣分，有扣分就有可能扣卖家的违约金。这看似保护买家的条款，没想到却在实践中催生了另一个行业——专业刷好评师和专业刷差评师，扰乱了网购环境。

"集团今年确定了双百万战略，即扶持100万家销售额过百万的中小商户，帮助更多小而美的卖家发展，但是假冒伪劣、知识产权侵权是这个战略的最大障碍所在。因此公司决定联手来处理打击假冒伪劣，投入上不封顶，要多少钱给多少钱。"马云坚定地说。

同时，阿里巴巴已联合公安、质监、新闻出版、知识产权、工商等执法机构共同组建"知识产权保护工作小组"，由阿里新任CEO陆兆禧出任组长；目前，阿里巴巴保护知识产权相关团队成员超过2000人，每年在网络信息安全管理方面投入人力、技术支持费用已过亿元。

马云说："淘宝网从不缺少指责，但是希望批评的初衷不是让淘宝关门大吉。淘宝就像一面镜子，告诉你麻子在哪里，不是把镜子打碎了，麻子就不在了。我们告诉你麻子在这里，只是谁该采取行动，谁该承担责任，谁该去努力。今天把淘宝灭了，只是把镜子灭了，你以为就没有假货了？淘宝愿意公布所有的数据和渠道，希望相关监管机构能和淘宝联动，把制造'毒瘤'的机构拔掉，而不是把检测'毒瘤'的机构拔掉。"

质量是产品的基本属性，消费者在购买产品时总是希望它质量好，性能可靠，否则，就会对该产品及其生产厂家产生反感，所以企业只有产品质量过关了，才能给消费者留下良好的印象，也会提高企业的知名度，但是随着时代的进步，现在企业的质量观念则要求更广泛，它是指企业全面管理强调的质量，包括产品质量、服务质量和工作质量等各个方面。在全世界享有盛誉的企业，无一不把质量作为企业的生命而加以高度重视。

产品要有过硬的质量保证，这是经商最为根本的东西，是经商者的良心体现。创业者一定要深刻地认识到这一点，在生产经营时，一定要将产品质量放在重中之重的位置上，只有这样，你的产品才有可能赢得消费者的信任，你也才有可能赚到钱。

随着改革开放和社会主义市场经济的发展，特别是国际间的竞争日趋激烈,企业必须走质量效益型的路子,全面提高质量,提升企业形象,提高管理水平,固化员工素质。企业靠品牌求得生存,靠创新抢占先机,靠质量获得效益,靠文化提升形象,其重中之重是靠过硬的产品质量取胜。

企业必须坚定不移地以质量为本,以国际化的标准,扎扎实实地去提高产品质量。既要有科学的工作态度和严谨的工作作风,勤奋努力的工作,更要努力形成一种恒久的质量意识,让质量意识渗透到全员的心里,固化成一种团队形象。

马云微语录

"前30年我们以模仿、抄袭、山寨为主,不是我们都那样,我们拥有这些知识产权的既得利益者的群体太小,而西方这个群体非常之大,懂得保护好自己。建设、保护好自己的品牌,将成为网商的趋势。所以30年以后,在座的每个人,你们也会像很多知识产权的拥有者一样,去捍卫自己。"

◎ 成功始于口碑，服务决定未来

> ❝ 做企业不是打仗，不要持有跟谁比、超越谁的想法，做好客户服务才是做企业的关键。自己门口的客户都没做好，就想做天下的生意，那是做不起来的。小企业不要先想着做强自己的品牌，而应该先想着做好自己的服务，做好门前的客户，做好自己的口碑。❞
>
> 马云

企业的生存与盈利主要靠两个支柱：一是产品，二是服务。产品是形，服务是魂。像所有行业一样，以往餐饮企业对于产品的重视程度远远大于服务。然而在产品同质化、需求个性化的时代，还有什么能够造成企业之间的差异化？还有什么能够区分出企业与企业之间的不同？唯有服务！服务对品牌的生存与盈利起着决定性的影响。

马云曾提出过一个著名的"一块布"理论，表明要向海尔学习。他说："一块布就是海尔，我妈其实从来没有买过电器，但是她说我要买海尔的电器，空调，为什么？我说海尔要比别人贵，而且不见得它的质量就好，现在的电器，空调、冰箱都差不多的，为什么你要买海尔？她说他们到家装空调会带一块布把这个地擦干净，我说这块布要贵10%，这块布擦的不是你们家地板，擦的不是你们家的机器，擦的是客户的心。"

确实在服务上，海尔的"一条龙"服务，不仅在产品设计、制造购买、上门设计、上门安装、回访、维修等各个环节都有严格的制度、规范与质量标准，甚至细致到上门服务时先套上一副脚套，以免弄脏消费者家中的地板，安装空调时先把沙发、家具用布蒙上，服务完毕再用抹布把电器擦得干干净净、不喝用户一口水、不抽用户一支烟，临走时还把地打扫得干干净净，并请用户在服务卡上对服务进行打分，海尔服务中的每一细微之处都是"真诚"这一核心价值的无言而生动的体现。马云所要向海尔学习的就是海尔这种为顾客服务的精神。

在阿里巴巴，"客户第一"处于阿里巴巴价值观的顶层，其内容就是要求企业以高质量的优质服务来赢得客户的信赖。关于客户第一，阿里巴巴的阐述是：客户是衣食父母。无论何种状况，始终微笑面对客户，体现尊重和诚意。在坚持原则的基础上，用客户喜欢的方式对待客户。为客户提供高附加值的服务，使客户资源的利用最优化。平衡好客户需求和公司利益，寻求并取得双赢。

比如，你看到星巴克在为用户服务的时候，你不要想着跟它一决高低，你要想到的是，如何学习星巴克把客户排在第一的想法，如何让客户感到他被放到第一位。

马云告诫创业者做任何事情，不要带着莫名其妙的跟谁比，超越谁的想法。而是说，我比昨天更懂得了客户，我比昨天更了解了用户的心理，我比昨天更懂得服务好客户。

被大企业的锋芒掩盖，这是中小企业普遍的生存忧虑。即使放低眼光，只想着与中小规模同行竞争，也会有很大一部分二三级城市中小企业生存在水深火热中。他们感叹偏于一隅，无法做大做强的悲哀。

一位来自湖南的创业者在"云计划"中逐条列出自己服装厂的生存困惑。他认为，交通方面，货轮无法在江内行走；消费喜好方面，多数国人偏好浙江、广东品牌，而他这类中西部小服装生产商，消费者很难买账；人才方面，很不幸，二三级城市人才都跑到外地去了。

尽管有不少人认为这位小老板的情况很真实，但马云还是给了他们"当头棒喝"。以自己做电子商务为例，马云认为，"你永远可以找到理由和借口说外地的人才比我们的多"，就像电子商务，"美国这方面的人才比中国的多，我们是不是就应该到美国去才能做"？阿里巴巴和淘宝假如在北京和上海的话，人才也多，市场也大，应该可以做得更好。扎根杭州的马云却不那么看待，"事实上，杭州的人才并不见得比北京、上海的差"。

马云建议那些悲观主义者，中西部小企业主的问题不应该是"中小企业如何挺身走出来"，而应该是"如何做好自己的口碑"。不要去找理由找借口说人才都去了外地,要多想想,你有什么独特的价值能留下你的人。生存是小企业的第一要素,小企业的任务就是生存下来,要"眼睛盯上自己",做好服务。门口的客户都没做好,就想做天下的生意,那是做不起来的。他忠告"有野心"的小企业主,不要先想着做强自己的品牌,而应该先想着做好自己的服务,踏踏实实做好门前的客户,做好自己的口碑。

马云微语录

> "做企业的目的,不是眼睛盯着对手如何强大,如何做生意,而是眼睛盯着客户。每天要对客户多了解一点,每天要对客户服务得好一点,每天把自己放在客户的角度上面去做,这个才是最高的真谛。"

◎ 演讲实录：阿里人必须看到后天的太阳

2010年12月马云在新员工培训时的演讲

员工和客户是我们前10年最大的财富。10年，有无数的坎坷，无数的情况让阿里巴巴一蹶不振，甚至消失在互联网世界。但不管任何原因，我们今天活了下来，并且越来越强大，我们还有92年要走，这92年，我们凭什么走下去？前10年，阿里巴巴只有两大产品，第一个产品就是我们的员工，第二个产品就是我们的客户。我在这儿想分享几样东西，未来10年阿里巴巴必须坚持的东西。

阿里巴巴是使命感驱动，价值观驱动的公司。这也是阿里巴巴首先必须坚守的东西。8年多来阿里巴巴每个季度考核价值观，每个季度、每个月是靠自己的使命感坚持着，每个人都是靠自己的使命感坚持着。有人说阿里巴巴创办的是理想主义的公司，我今天还是觉得，阿里巴巴是充满理想主义和充满现实主义的公司。未来10年我们永远是理想主义公司，同时一定会脚踏实地。如果不充满现实主义地去做点点滴滴的事情，我们也不会活到现在。

让华尔街所有的投资者骂我们吧，我们永远坚持客户第一、员工第二、股东第三。我们坚持专注，我们专注电子商务，前10年我们专注电子商务，后10年还是专注电子商务，我们前10年专注中小企业，未来10年我们还是专注中小企业，因为只有专注中小企业，专注电子商务，才能让我们长久。因为中小企业需要我们，因为中国电子商务和全球电子商务需要我们。

阿里人必须看到后天的太阳。各位阿里人，92年的路非常之长，来到阿里巴巴不是为了一个工作，而是为了一份梦想，为了一份事业！

我这儿想分享一段话，我不断拿它来激励我自己，也是想激励大家，我讲了N多遍今天还想讲一遍。今天很残酷,明天更残酷,后天很美好,绝大部分人死在明天晚上,看不到后天的太阳,阿里人必须看到后天的太阳。

所有阿里人记住,毛主席曾经讲过,自信人生二百年,会当击水三千里。世界给了我们这个舞台,全球给了我们这个机会,我们要动用所有的智慧、所有的勇气、一切的努力,帮助一千万家企业生存,创造就业机会,为十亿人真正提供物美价廉的平台!

第九章 **C** 谈竞争哲学：
HAPTER NINE

没有对手的市场不好玩儿

◎ 人要被狠狠PK过才会有出息

> " 狭路相逢勇者胜，宁可战死，也不能被吓死。"
>
> 马云

人类自古至今，总是生活在各种各样的竞争之中，如果缺乏竞争意识，自然就不会有奋斗和进取的动力。这样的人，势必逃不过平庸和被淘汰的命运。要知道，未来永远属于具有竞争意识、敢于竞争、善于竞争的人。

竞争对手是创造和持续竞争生态优劣的最大关联因素，远离对手，没有对手，并不是一件好事。

一位动物学家在考察生活在非洲奥兰治河两岸的动物时，注意到河东岸和西岸的羚羊大不一样，前者繁殖能力比后者更强，而且奔跑的速度每分钟要快13米。

他感到十分奇怪，既然环境和食物都相同，何以差别如此之大？为了能解开其中之谜，动物学家和当地动物保护协会进行了长期的观察：谜底终于被揭开，原来东岸的羚羊之所以身体强健，只因为它们附近居住着一个狼群，这使羚羊天天处在一个"竞争氛围"中。为了生存下去，它们变得越来越有"战斗力"。而西岸的羚羊长得弱不禁风，恰恰就是缺少天敌，没有生存压力。

上述现象对我们不无启迪，生活中出现一个对手、一些压力或一些磨难，的确并不是坏事。

一位国际著名的营销大师指出，所谓营销计划一定是针对某一个产品或某一对手而进行的，没有对手的营销战必然失败，就好像没有配角的戏剧没有人爱看一样。

硅谷是一个处处充满竞争的圣地，内部有着非常残酷的竞争机制。他们认为，没有一个残酷的竞争机制，硅谷人就不会拼命去干，就出不了一流的成果。那里的企业管理者无不注重持久性延续员工的"竞争"观念，培育员工的竞争意识和竞争能力，增强员工对于"竞争"的认可度。通过竞争管理机制，使员工强烈意识到一种充满忧患意识的竞争环境，最大可能地发挥员工的积极性和潜力，不断进取、创新、拼搏，从而使企业拥有持久的活力和持续的竞争力。

在市场经济条件下，企业要生存，要发展，必须具有强烈的竞争意识，并将竞争意识当作一种观念，指导企业的经营决策和经营活动，使其决策具有竞争性，活动具有竞争性。

美国著名经济学家伯顿·克莱因在《动态经济学》一书中指出："一旦一个公司不再面对真正的挑战，它就会很少有机会保持活力。"他证明，最成功的公司是那些面对很多竞争对手的公司，最不成功的公司是那些不面临严重竞争的公司。因为存在竞争，公司和员工不得不有更高水准的表现，从而明显地变得更敏锐和更出色。竞争使一个人变得精明强干，使他不断寻求新的答案。

美国的管理大师唐纳·肯杜尔，针对竞争有过一番精彩的讲话，他说："打从做生意以来，我一直感激生意竞争对手。这些人有的比我强，有的比我差；但不论其行与不行，他们都令我跑得更累，但也跑得更快。事实上，脚踏实地的竞争，是足以保障一个企业的生存的。由于竞争，我们工厂更具现代化，员工受到更多的训练，生产规模亦随之扩大。因此，竞争比荣耀、野心、利益更能推动一个公司的业务。"

这段话道出了竞争的哲理：只有敢于参与和善于参与市场竞争，才有经营成功的机会，这两者缺一不可。

马云微语录

"商业中最有趣的部分就是竞争，要让你的竞争对手恼火，要让他们暴跳如雷，这就是你们应该掌握的技巧，而不是让自己暴跳如雷。经商原本就是很有趣的，如果我在与别人竞争时，被气得发疯，那就意味着，我犯错了。"

◎ 竞争只是开胃小菜

❝在一个行业里，一枝独秀是不行的，也是危险的。只有三足鼎立才能使一个行业发展起来，至少做大三家，这个行业才有钱赚。❞

马云

马云曾在2004CCTV中国经济年度人物颁奖现场说出了一句狂傲的话："我就是拿着望远镜也找不到对手。"之所以这样说，并不是他真的忘乎所以，也不是自己多么了不起，而是很长时间以来，很多人都不看好他，不相信B2B模式能赚钱。他其实是在寻找榜样，找一个可以和他真正过招的人。同时，他认为，中国企业不应像斗士一样去寻找竞争者。

后来当市场经过2002年的网络经济泡沫破裂的洗牌后，阿里巴巴奇迹般地屹立着，这才引起了几大网络巨头的注意，竞争对手也逐渐找上门来。面对市场竞争的压力，马云并没有感到恐惧，而是这种竞争恰好激发了他血液中流淌着的竞争意识。eBay无疑是淘宝最大的竞争对手。

eBay与淘宝早在2003年就开始了地盘争夺战。2003年7月，eBay启动了针对淘宝网的市场推广计划，在付出了比正常广告费高出一倍的代价后，该网站与新浪等几大门户网站签订了排他性广告协议，对淘宝网开始"封杀"，打算用18个月的时间灭了淘宝。

"18个月前，eBay没把淘宝当一回事，结果屡出臭棋，接下来的18个月，该是淘宝反攻的时候了！"马云在2004年获得"中国经济年度人物"时说，"我再给eBay一个月时间，到时将发起致命攻击。"

马云显然在淘宝上倾注了很大的心血。继2003年投资1亿元成立淘宝网站后，2004年7月，阿里巴巴再次追加投资3.5亿元。马云透露说，已经花完了1

亿元，如果钱不够的话，阿里巴巴还会继续追加投资。

他透露称，将来最理想的状况是将做B2B的阿里巴巴与做C2C的淘宝实现融合。"现在只是搭了一个工地，埋了一些管线，等到将来两个网站实现融合后，大厦才算真正建成了！"马云暗示，这个时间大概需要五年。"到时候，'核武器'实现对接，威力才算显现出来。"

eBay先是全面推行收费制度，接着又将高层人士大换班，连原来的创始人邵亦波也辞去CEO职位。之后一年，淘宝和eBay打得不可开交，马云办公室面前的大楼上就是一个巨大的eBay广告，而eBay上海办公室周围也被淘宝的广告包围，淘宝甚至买了eBay办公室楼前的广告位。2005年10月，马云宣布对淘宝网追加10亿元的投资，主要用于淘宝网店、诚信以及品牌建设。

除此之外，腾讯也加入了淘宝的竞争对手阵营。2005年9月，腾讯拍拍悄然进军C2C领域，马云自然不敢松懈，继续将免费进行到底，承诺淘宝可以从2005年开始往后免费使用三年，以远远甩开腾讯。

eBay对于淘宝的继续免费持否定态度，它认为自己已经在中国创造了稳健而强劲的商业模式，淘宝在未来三年不会有什么起色。

随后二者又进行了口水战，都声称自己占据了60%的市场份额，自己才是行业的老大。随之更深层次的竞争又开始了，eBay与环球资源达成战略联盟关系，开始正式涉足中国B2B市场。二者联合推出了一个全新的采购模式——环球通。环球资源可以通过eBay中国站点将产品直销给中国的个人和企业，eBay卖家也将因此获得更多的客户资源。要知道，之前不是通过eBay卖家而是通过阿里巴巴采购的。

显然，对方战性高涨，eBay更是有不灭掉对方誓不罢休的样子。

而此时马云并没有杀红眼，他轻描淡写地宣布："游戏即将结束，同eBay的竞争已提不起我的兴趣。"20天后，一组数据回应了他的话，业内知名咨询机构发布调查数据称，在中国的C2C市场上淘宝已经以57.10%的市场份额处于绝对领先优势。

现在看来，不但淘宝没有被灭掉，反而越长越大了。

马云以eBay的管理层非常善于指挥集团军作战，但他们不知道如何打游击战，在一条泥泞的小路上驾驶一个高级引擎并不合适，所以，永远不要在亚洲打一场登陆战。马云还把阿里巴巴比作长江里的鳄鱼，若是进到海里跟鲨鱼打一定会死，若是在长江里自己就不一定会输。

有分析称，淘宝的成功部分归功于其"免费政策"，这使得不少eBay的卖家"搬迁"到了淘宝。对此，马云声称，"免费"是一项竞争手段，但并不是最重要的手段，"eBay是装甲车，淘宝只是一辆三轮车，我们不能光跟人家拼资金实力，那样没有技术含量！淘宝明年会用一些'古怪'的招数。但明年做事不会那么'血腥'，商战是一门艺术，只有'艺术'了才能开心。我们的主业不是战斗，而是做中国最好的C2C企业，竞争只是开胃小菜。"

2005年，eBay的掌门人梅格·惠特曼来到中国，这意味着eBay团队接受了这场竞争的结果。

在马云看来，淘宝能够"活下来"并不是他做得太好，而是充分利用了eBay的弱点，给了对手致命的打击。不过，他坚持认为，eBay是一个值得尊敬的对手。

从来不畏惧竞争的马云对战eBay后，转移了阵地，2005年11月他在亚太经合组织峰会上说："未来的两到三年，将动用所有资源全力发展搜索业务。我们的下一个目标是阻击Google。"他高调地暴露了自己的竞争对手少，这对于各路搜索大鳄早已厉兵秣马，各占一方的情况下，马云的这次搅局被业内称为压力山大。不过马云称自己并没有外部压力，压力全在自己内部。

创业者在竞争中也要学一学马云这种光脚的不怕穿鞋的，在激烈的市场竞争中主动亮剑的精神，积极迎接挑战和主动发起进攻，在竞争中灵活多变，带领蚂蚁打趴大象。

马云微语录

"世界上有这么好的对手，真是太让人兴奋了。竞争永远是乐趣。如果你发现竞争是一种痛苦的时候，你的策略一定错了，每个企业在竞争的过程中不要痛苦。竞争是一种给予，做企业是一种游戏，这个游戏是你跟公司的员工团结在一起的策略，但是不能做流氓。所以，我们在这方面要用一点智慧，用一点脑子。"

◎ 机会是留给进攻者的

❝ 如果早起的那只鸟没有吃到虫子，那就会被别的鸟吃掉。❞

马云

竞争能使企业具有生命力，采用不同的方式在商场上竞争，效果也会大相径庭。对于年轻的创业者从一开始就应该培养一种"先发制人"的竞争意识。所谓先发制人，就是一定要在强大的对手还没到家门口时就要做好防患于未然的准备，如果你还沉醉于"井水不犯河水"的自我安慰中，那未免就太过自欺欺人了，因为机会只会留给那些有准备的人。

这方面，马云当之无愧可称得上是个好榜样。自创业以来，马云就屡屡先发制人地上演了一幕幕精彩的"竞争"大戏：用他的话解释："进攻者，永远都有机会。"

当然，攻与守、进与退，需要用智慧来经营。什么时候能以进为退，什么时候能主动出击，或许下面这个创业事例会给你一些启示。

26岁的王传福研究生毕业以后，被破格委以研究院301室副主任的重任，成为当时全国最年轻的处长。而更让他意想不到的是，一个促使他从专家向企业家转变的机遇从天而降。1993年，研究院在深圳成立比格电池有限公司，由于和王传福的研究领域密切相关，王传福顺理成章成为公司总经理。

在有了一定的企业经营和电池生产的实际经验后，王传福发现，作为自己研究领域之一的电池行业里，要花2~3万元才能买到一部大哥大，国内电池产业随着移动电话的"井喷"方兴未艾。作为研究方面的专家，眼光敏锐独到的王传福心动眼热，他坚信，技术不是什么问题，只要能够上规模，就能干出大事业。于是，他作出了一个大胆的决定——脱离比格电池有限公司单干。

回想起当时的情形，王传福都有些不敢相信自己哪来这么大的勇气。在当时，日本充电电池一统天下，国内的厂家多是买来电芯搞组装，利润少，几乎没有竞争力。如何打开局面？经过认真思考，王传福决定依靠自身技术研究优势，从一开始就把目光投向技术含量最高、利润最丰厚的充电电池核心部件——电芯的生产。事实证明，王传福这一招可是后发制人、一招致命的关键所在。后来日本宣布本土将不再生产镍镉电池，而这势必会引发镍镉电池生产基地的国际大转移，王传福立即意识到这将为中国电池企业创造前所未有的黄金时机，于是决定马上涉足镍镉电池生产。

那时，日本的一条镍镉电池生产线需要几千万元投资，再加上日本禁止出口，王传福买不起也根本买不到这样的生产线。他利用中国人力资源成本低的优势，决定自己动手建造一些关键设备，然后把生产线分解成一个个可以人工完成的工序，结果只花了100多万元人民币，就建成了一条日产4000个镍镉电池的生产线。利用成本上的优势，比亚迪公司逐步打开了低端市场，经过努力，比亚迪的总体成本比日本对手低了40%。为进驻高端市场，争取到大的行业用户和大额订单，他不断优化生产工艺、引进人才，并购进大批先进设备，集中精力搞研发，使电池品质稳步提升。

1996年，比亚迪公司取代三洋公司成为台湾无绳电话制造商大霸的电池供应商。大霸是电信巨头朗讯的OEM，比亚迪公司因此成为朗讯的间接供应商。1997年，比亚迪公司镍镉电池销售量达到1.5亿块，排名上升到世界第四位。

在镍镉电池领域站稳脚跟后，不甘寂寞的王传福又开始了镍氢电池的研发，并从1997年开始大批量生产镍氢电池。但此时恰逢东南亚金融风暴，半数以上产品出口的比亚迪公司遇到了困难。此时，王传福的表哥吕向阳通过其所有的广州融捷投资管理集团向王投资1660万元，使比亚迪公司注册资金从450万元扩大到3000万元。这一年，比亚迪公司镍氢电池销售量达到1900万块，一举进入世界前7名。

此后，王传福把目光放到了欧美和日本市场，1998年～2000年，比亚迪欧洲分公司、美国分公司先后成立。1999年～2000年，比亚迪公司在这些市场势如破竹，大客户名单上出现了松下、索尼、GE、AT&T和业界老大TTI等。

2000年，王传福投入大量资金开始了锂电池的研发，很快拥有了自己的核心技术，并成为摩托罗拉的第一个中国锂电池供应商。2001年，比亚迪公司锂电池市场份额上升到世界第四位，而镍镉和镍氢电池分别上升到了第二和第三位，实现了13.65亿元的销售额，纯利润高达2.56亿元。目前，比亚迪以近15%的全球市场占有率成为中国最大的手机电池生产企业，在国际市场上正与日本三洋一决雌雄。目前，在镍镉电池领域，比亚迪全球排名第一，镍氢电池排名第二，锂电池排名第三。

由此可见，王传福如果一直稳坐比格公司总经理的位置也会衣食无忧的。但是他看到商机，有敢于竞争的勇气，有先发制人的魄力，有抢得先机的能力，所以才会有今天的成就。

马云提醒那些创业者，抓住机遇是成功公司基业常青的一个重要因素。所以，在这个竞争日益突出的社会中，别人先进的东西不会轻易传授，等你得到了也就成了淘汰的落后技术，其新一轮的更新换代又完成了，剩饭的滋味永远比不上鲜美的佳肴。特别是一些创业者在瞬息万变的市场面前，有些创业项目往往是慢三拍，有的即使捕捉到了商机，调整的步子又不能及时跟上，因而免不了吃亏。所以，抢占先机是创业者成功创业的重要因素。在市场竞争中，为了先发制人，就要"先谋"，先拿主意；其次是"先下手"。所以每一个商场人士在与对手争锋时，一定要想尽办法率先出击，先发制人，把对手坚决摧毁，为自己夺取绝对的优势地位。

"我们与竞争对手最大的区别就是我们知道他们要做什么，而他们不知道我们想做什么。我们想做什么，没有必要让所有人知道。"

马云微语录

◎ 千万别把自己当作聪明人

> " 聪明是智慧者的天敌，傻瓜用嘴讲话，聪明的人用脑袋讲话，智慧的人用心讲话。所以永远记住，不要把自己当成最聪明的，最聪明的人相信总有别人比自己更聪明。"

马云

企业要想在竞争中获胜并保持长盛不衰无非是不要自大和目中无人，一定要做到"知己知彼"。做到"知己知彼"才能够在激烈的市场竞争中制定出合适的战略，从而获得并保持竞争优势。

"知己知彼，百战不殆。"

何谓"彼"？何谓"己"呢？从商业经营管理的角度来说，所谓"己"，主要是指经营者自身所属的各种因素，这些因素是全方位的，它涵盖了经营管理者自身的每一环节。所谓"彼"，从广义的角度来说，所有的外在条件都属于"彼"的范畴。而从狭义的角度来说，"彼"又可以特指经营管理的对象——即已有的客户和目标消费者。在商场上，创业者不但要让自己了解对方，也要让对方了解自己的意图，这样，做起生意来就可以减少许多猜忌和不信任，有利于交易的效率。

马云之所以能率领淘宝网击败行业老大eBay，一个很重要的原因就在于对对手的了解，就像他所说的："我们与竞争对手最大的区别就是我们知道他们要做什么，而他们不知道我们想做什么。"

早在这场"战争"开始以前，马云就长时间关注着eBay的一举一动，"eBay公司所有的高层资料我们都会详细分析，他们在世界各地的各种打法，他们擅长的各种管理手段和应招特点，我们都会仔细研究。"马云说，"因为eBay是上市公司而阿里巴巴不是，惠特曼对淘宝的了解尚不及他对eBay的了解。"在与eBay的竞争中，马云不仅做到了知彼，也做到了知己，他正视eBay的强大，也清醒地认识到淘宝的优势所在。

正是基于知己知彼，马云才能在淘宝与eBay的竞争中游刃有余地指挥操控，并自信满满地将其击败。在激烈的商业竞争中，只有洞悉对方的真实意图，体察到对方的强势弱势，才能真正地掌握主动权；同样，只有真正了解自己的情况，对自己的优势和劣势了如指掌，方可扬长避短地发挥自己的最佳优势和状态。

在以利益为中心的商业活动中，经商实质上是一系列的博弈过程。在绝大多数情况下，只有双方都彼此了解，并且都清楚可能出现的结果，这样的博弈才可能是稳定均衡的，也可实现双方利益的最大化或亏损的最小化。相反，如果在商场上处于尔虞我诈，根本不让对方知道自己的意图，或者对方也不清楚自己的意图，那么买卖只能做一次。因为前一次的博弈变成了后一次博弈的背景了。

现实中，中外众多功成名就的企业家和众多长盛不衰的企业，都是极为善于运用"知己知彼，百战不殆"这一谋略的典范。美国《华尔街日报》有一篇文章这样写道：

没有别人比妈妈更了解你，可是，她知道你有几条短裤吗？

然而，乔基国际调查公司知道！

妈妈知道你往水杯里放了多少块冰块吗？

可是，可口可乐公司却知道！

你看，为了在经营管理上真正做到"知己知彼"，国外的某些公司对消费者有关情况的了解，竟然超过了母亲对儿女的了解。而且，有的甚至是连消费者本人都不知道或者从来没有了解过的东西或事情，他们却了解得一清二楚，甚至毫厘不差！

例如，可口可乐公司经过深入细致地调查后发现，人们在每杯水中平均放3.2块冰块，每人平均每年看到该公司的69条广告。

又例如，麦当劳公司通过市场调查，准确地知道，在某个国家，每人每年平均吃掉156个汉堡包，95个热狗。

而汉宝公司更是妙绝，它曾经秘密地调查过，消费者在使用卫生纸时是叠起来用还是折起来用，连各自的比例是多少都有记录。

在美国，有73％的企业都有非常正规的市场调研部门，专门负责对产品的调查、预测和咨询工作，并且在每一个产品进入新市场时都进行专门的市场调查，及时了解消费者的受用情况。

很显然，深入细致的市场调查是"知己知彼"的重要手段，是做出正确的经营决策的主要依据，假如不进行深入细致的市场调查，决策者又怎么能够做到"知己知彼"呢？又怎么能正确无误地做出正确的决策呢？

不管做什么事情，"知己知彼，百战不殆"这个指导思想都很重要。

"知己知彼"历来被视为经营决策的前提，我们的决策者在这方面做得究竟怎样呢？应当好好地反省下自己，比如，对国内外的市场行情是否了解得很仔细、很深入；对消费者的潜在需求和消费心理是否了解得很透彻；对竞争对手的各种情况是否明察秋毫、了如指掌；对目前的潜在市场是否具有准确的预测和估计。所有这些，都需要我们好好反思一下。

"知己知彼"是夺取竞争胜利的基本前提，也是制定有效竞争策略的基本依据，有了这个前提和依据之后，竞争者就可以游刃有余地采取进攻和防守两种基本策略，为获得竞争的胜利创造条件。

马云微语录

"面对强大的对手，很多人常犯的几个错误就是看不见、看不起、看不懂、跟不上，首先对手在哪儿都找不到，第二是根本看不起这些人，第三看不懂他们怎么起来的，最后是根本跟不上别人。"

◎ 你活着，我可以活得更好

" 商场如战场，但商场不是战场，战场上只有你死我才能活，而商场上是你活着，我可以活得更好。"

马云

在马云的心中，竞争的最大的价值不在于战胜对手，而在于强大自己。他说："竞争是你的磨刀石，把你越磨越快，越磨越亮。"所以在竞争时，最重要的是选择好的竞争对手，然后向竞争对手学习。

在"双十一"购物狂欢节开启之前，马云接受央视采访时表示，天猫并不想成为消灭竞争对手的"职业杀手"，而且消灭竞争对手也未必会赢。"双十一"不是电商大战，而是新经济、新商业模式对传统商业模式的大战，"它让所有的制造业贸易商知道，今天形势变了，对于传统行业来说，这场大战已经展开"。他认为，现阶段对于传统商业生态系统是一次革命性的颠覆，"这个就像狮子吃掉森林里面的羊，不是因为恨羊，而是生态的必然规律，现在新经济起来的时候到了"。在这场商业模式大战中，天猫并不想成为消灭对手的"职业杀手"，"这是一个生态系统，没有对手活得不会简单"。马云表示，阿里今天做的不是一家公司，而是一个生态系统，在这个系统中，需要各种各样的角色，以使整个体系变得完整。

在首届中国创业者论坛上，马云曾说过这样一段话：

"竞争者是一个最好的老师，我认为选择优秀的竞争者非常重要，但是不要选择流氓当竞争者……

"所以当有人向你叫板的时候，你要首先判断他是一个优秀竞争者，还是一个流氓竞争者,如果是一个流氓竞争者你就放弃。但是在我们这个领域里,首先自己选择竞争者,我不让竞争者选我,当他还没有觉得我是竞争者,我就盯上他了。所以我觉得在我们这个行业里,我自己的心得体会就是你去选谁是你的竞争者,不要让人家盯着你,人家盯着你,人家一打你就跟着稀里糊涂地打。所以这几年人家模仿我们,但是不知道我们究竟想做什么。"

在马云看来,eBay无疑是一个非常好的陪练员和老师。通过与eBay的竞争,淘宝不仅赢得了胜利,更重要的是从中学到了重要的经验。

不过,商场没有永远的朋友,也没有永远的敌人。这句话告诉我们竞争与合作既对立又统一,在合作中有竞争,在竞争中有合作,二者相互渗透,相辅相成。竞争不能忘记合作,没有合作的竞争称不上是积极向上的竞争。只有既竞争又合作,我们的事业才能取得成功,经济才能繁荣,社会才能进步。

2010年马云和eBay总裁约翰·多纳霍一同出席了"西湖论剑大会"。eBay总裁兼首席执行官约翰·多纳霍跑上主席台,握住马云的手笑着说:"人们会问,约翰是阿里巴巴的竞争对手,我来这里干吗呢?"

确实,eBay是阿里巴巴和淘宝网最大的竞争对手,马云也笑言:"你开口之前,我收到一条短信,说eBay是我的竞争者,怎么可以邀请他来参加我的网商大会?你脑子出问题了?你怎么可以和他谈?可以谈些什么?"

场内来宾们的胃口被吊得越来越高,大家期待的激烈碰撞并没有出现,而是听到二人多次提起"合作"一词。

马云说,阿里巴巴和eBay面对的客户都是中小企业,他们是用不同的角度来帮助同样的一群人,eBay是从中国之外的市场,阿里巴巴是从国内的市场,但两者有同样的梦想,同样的宗旨。

约翰·多纳霍很赞同马云的观点:"互联网现在还处在非常早期的阶段,我们的挑战是不断创新,让市场变得更大,把更多的机会创造出来,我和马云在一起,和亚马逊、谷歌的领导在一起,我们讲的是如何用我们的能力创造更大的机会,就是把蛋糕做得更大,这就是互联网未来的发展所在,也是我们的成功所在,有些地方是有竞争,但是更多的是合作,通过合作我们可以创造更多的机会。"

巨头们的举动很好地诠释了网址上3W的意思，其实是赢（win）赢（win）赢（win）三个缩写，第一个赢就是赢客户，第二个赢是合作伙伴的赢，第三个赢是我们自己的赢，任何一家如果是输家的话，其他两家也要输，所以必须是3W。

与竞争对手"死嗑"还是"合作"是商业社会下一个很重要的选择，如果竞争对手掉进河里就要淹死，你该怎么办？"痛打落水狗"是当下一些企业常用的看起来霸气十足的行为。其实，除了与竞争对手"死嗑"外，还可以通过共同利益，把竞争对手变成合作伙伴。

当初，通用汽车和戴姆勒·克莱斯勒都分别觊觎着电气混合动力型汽车这一快速增长的新市场，但是这两个汽车巨头又同时面临着与丰田和本田的一场硬仗，丰田和本田都在早期进入该市场并处于领先地位。因此，它们必须找到一种方法来加快产品开发的速度，以便在最短的时间内向市场推出具有竞争力的混合动力技术。最后，它们找到的方法是合作。

铁姆肯公司旗下的工业集团总裁阿诺德（Mike Arnold）认为："企业可能无力独自承担做某些项目的成本，但是如果与其他企业合作，就可以由大家共同分担这些成本。竞争对手之间的联手合作并不会损害各自的竞争优势。"

商场不是战场，商场上的对手不是敌人！在商场中，要学会尊重你的竞争对手，始终都以钦佩的目光来看待他们，因为他们所做的每一项决策，都能使我们获得成长。另外，竞争对手还是企业最好的实验室，因为竞争对手会研究你，而你也会从他们所提出的创新点子中吸取经验，但千万不要模仿，而是学习他们的优点。

马云微语录

"我喜欢我的竞争者，没有竞争对手，我们也不会成长得这么快，2003年，我们的淘宝开始上线，而当时我们的竞争对手eBay当时的市值高达800亿美元。而我们，则是刚刚蹒跚学步的小公司，我们面对众多的市场大鳄的时候，我会感到非常荣幸，因为如果能与强大的竞争对手面对面，自己也能学到很多。"

◎ 演讲实录：碰上优秀的对手是你的运气

2007年12月11日马云给"五年陈"的销售讲话

我们的对手是世界一流的对手，Google是一千三百多亿美金的公司，拔一根毛出来不知道多少公司被打下来。我们中午在开会，英文站点技术人员18个人。18个人在扛着Google这样的对手。我们要求公司各个部门给英文站点提供强有力的支持，因为65%的营业额来自B2B。是这18个工程师在扛着。我们处在危机当中，必须在两三个月以内彻底扭转这个局面。

阿里软件、淘宝、支付宝、雅虎中国，我们要抽调优秀的工程师到这个团队里面，特别是阿里软件，有多少工程师，举手给我看看？今天B2B老大第一个站到拳击台上，对不对？这是真正世界性的拳击台，马上要上去。我们要配置好优秀的人才，要配置好优秀的肌肉，拳击套、牙套要戴好。

阿里软件，抽你们的人，别说不。我们今天需要像志愿兵一样跨过去，淘宝、支付宝、雅虎，全部要有这样的心态。我们今天全力以赴派第一批志愿军进入到B2B，为我们的国际网站。

明枪暗箭越来越多，QQ的实力大家都知道，百度的实力你们也知道，Google的实力也知道。阿里巴巴是强大，但我们的对手也是世界一流、中国一流。QQ应该讲是世界一流吧，IM（即时通讯）谁玩得过它。

Google是世界一流，百度股票涨到两百多美金。告诉大家，碰上优秀的对手，首先你很幸运。淘宝很幸运，阿里集团很幸运，我们今天碰到的对手是世界一流的对手，学习他们，超越他们。

第十章

C HAPTER TEN
谈带队策略：

会领导人，才不至于自己干到死

◎ 别把飞机引擎装在拖拉机上

> **"** 办公司不是找最优秀的人，而是要找最合适的人。波音747的引擎是很好，但如果你配的机器是拖拉机，发动引擎就爆炸。**"**
>
> 马云

1999年9月，阿里巴巴网站建立起来了，马云立志要使之成为中小企业敲开财富之门的引路人。10月，阿里巴巴获得以高盛牵头提供的500万美元风险资金，马云立即着手的一件事情就是从香港和美国引进大量的人才。

马云对外宣称"创业人员只能够担任连长及以下的职位，团长级以上全部由MBA担任"。当时，在阿里巴巴12个人的高管团队成员中除了马云自己，全部来自海外。

接下来几年，阿里巴巴聘用了更多的MBA，包括哈佛、斯坦福等学校的MBA，还有国内大学毕业的MBA。但是后来这些MBA中的95%都被马云开除了。

马云从不否定那些职业经理人的管理水平，他们的水平如同飞机引擎一样，但问题在于，如此高性能的引擎并不适合拖拉机。那些职业经理人管理水平确实很高，但公司当时的发展水平还容不下这样的人。马云由此总结出一个关于人才使用的理论：只有适合企业需要的人才是真正的人才。

所以，从某种意义上说，"适用"即人才。马云在办公室的墙上挂着一幅题字："善用人才为大领袖要旨，此刘邦刘备之所以创大业也。愿马云兄常勉之。"这幅字是金庸2000年的时候给马云题的。马云把它挂在办公桌前面，每天看一看，也是对自己的一种提醒。

长期以来，在不少人眼里，只有高学历、高职称的人才能算是人才，否则即使有通天的本领，没有一纸文凭或职称，也不能称其为人才。但是，西方却有这样一句名言："垃圾是放错位置的财富"。是不是人才，关键是看把它放在什么位置上，让他去做事，只要他在这个位置上能够做好，做出成绩来，他就是人才；如果不行，即使顶着再多的桂冠，他也不是人才。

马云说今天的阿里巴巴，不希望用精英团队。如果只是精英们在一起肯定做不好事情。他认为阿里巴巴不过是平凡的人在一起做一些不平凡的事。

匹配的就是最合适的，最合适的就是最好的。管理者在用人时，应该多一些理性的思考，少一些盲目的安排，要充分考虑员工的积极能动性，考查员工的特长，并以每个员工的专长为思考点，安排适当的位置，并依照员工的优缺点，做机动性调整，让团队发挥最大的效能。那么什么样的员工与企业的匹配度最高呢？企业用人要注意什么问题呢？下面两点是选好团队成员的基础。

1. 找认同企业价值观的人

海尔总裁张瑞敏在谈到自己的角色时说："第一是设计师，在企业发展中使组织结构适应企业发展；第二是牧师，不断地布道，使员工接受企业文化，把员工自身价值的体现和企业目标的实现结合起来。"

在人才招聘这个问题上，马云与张瑞敏不谋而合，马云强调："进入我们公司以后，必须要认同我们的文化，认同我们的理想。我们所有的人都是平凡的人，平凡的人在一起做件不平凡的事，如果你认为你是精英，请你离开我们。"

马云要员工认同公司的文化，这一点的确非常重要。如果员工不能认同公司的文化，企业就会形成内耗，虽然每个人单独看起来都很有力量，但大家用力方向不一致，没有办法把力量用到一起，这样就会导致企业的合力很小，在市场竞争中就会很脆弱。因此，从长期来看，一个企业如果不具备强有力的企业文化，就无法形成自己的核心竞争力，在日益激烈的市场竞争中，将很难生存和发展下去。

2. 注重人才的互补性

团队合作讲求取长补短，刚柔并济，一个团队成员不能都是"刚"或者都是"柔"，"有刚有柔"，才能取长补短，形成良好的人员搭配。马云很欣赏唐僧团队，他并不认同刘、关、张、诸葛、赵团队是一个好的团队。他认为，像唐僧这样的领导，虽然没什么能力，也没有个人魅力，但目标很明确，就是要取经；孙悟空武功高强，品德也不错，但唯一遗憾的是脾气暴躁；猪八戒有些狡猾，没有他生活少了很多的情趣；沙和尚不讲人、价值观等形而上的东西，实实在在地工作。就是这样4个人，千辛万苦，一路降妖除魔，取得了真经。这种团队才是最好的团队，这样的企业才会成功。

纵观中外企业界，每一个成功的企业，无不聚集着若干乃至一群为企业贡献知识与智力的人才。团队成员都有自己的性格，有自己的特长，有自己的经验，只有充分地实现人员能力的互补，形成一个类似球体的结构，而不是长方体或者其他的体形，才能更快地向前滚动。

马云微语录

"在聘请员工的时候，应该找最合适的，而不一定非要最'天才'的人才。在你的公司还不够强大时却想要聘请高端人才，就好比将波音747的引擎放到拖拉机里，即使引擎放得进去，但要知道拖拉机是永远飞不起来的。我的建议就是寻找适当的人才，然后投资在他们身上，这样只有他们成长起来时，你的公司才会一同成长发展。"

◎ 领导不要自己当劳模

> 真正的领导是通过别人拿结果，而不是自己冲在最前面。我是我们公司的说客，我是光说不练的人。
>
> 马云

春秋时期，巫马期和宓子贱都先后出任单父这个地方的地方官。巫马期执政时，披星戴月，废寝忘食，昼夜不闲，亲理各种政务，但政绩平平。宓子贱执政时，不仅没有那样繁忙，反而经常弹琴唱歌，却把单父治理得相当好。当巫马期向他讨教时，他说：我的做法是善于把权力下放，依靠人才；你的做法是亲自劳作，只使用自己的智力，只靠自己当然辛苦，而依靠人才当然安逸了。这就是历史上闻名的"鸣琴而治"。

所以说，领导者应该学会带团队，不要紧抓权力不放，走入事必躬亲的误区。

马云一直倡导中国企业要讲究团队精神。在谈到自己的团队时，马云自豪地说公司有4个"O"的团队，COO关明生曾在GE、BTR等全球500强公司做了25年的经理人，英国籍香港人；CFO蔡崇信曾在欧洲InvestAB公司做投资，是法学博士，加拿大籍台湾人；CTO吴炯，雅虎搜索引擎发明人，美籍上海人；他自己是CEO，中国国籍，杭州户口。他们4个人各守一方，配合得相当默契。

马云说当管理者要敢于"光说不练"，学会做个懒人，且跟人大谈"懒"的好处：

"世界上最富有的人——比尔·盖茨，他是个程序员，懒得读书，他就退学了。他又懒得记那些复杂的dos命令，于是，他就编了个图形的界面程序，叫什么来着？我忘了，懒得记这些东西。于是，全世界的电脑都长着相同的脸，而他也成了世界首富。

"世界上最值钱的品牌——可口可乐，他的老板更懒。尽管中国的茶文化历史悠久，巴西的咖啡香味浓郁，但他实在太懒了，弄点糖精加上凉水，装瓶就卖。于是全世界有人的地方，大家都在喝那种像血一样的液体。

"世界上最好的足球运动员——罗纳尔多，他在场上连动都懒得动，就在对方的门前站着。等球砸到他的时候，踢一脚。这就是全世界身价最高的运动员了。有的人说，他带球的速度惊人，那是废话，别人一场跑90分钟，他就跑15秒，当然要快些了。

"世界上最厉害的餐饮企业——麦当劳，他的老板也是懒得出奇，懒得学习法国大餐的精美，懒得掌握中餐的复杂技巧。弄两片破面包夹块牛肉就卖，结果全世界都能看到那个M的标志。必胜客的老板，懒得把馅饼的馅装进去，直接撒在发面饼上边就卖，结果大家管那叫Pizza，比10张馅饼还贵。

"还有更聪明的懒人：懒得爬楼，于是他们发明了电梯；懒得走路，于是他们制造出汽车、火车和飞机；懒得拿枪，于是他们发明了原子弹；懒得每次去计算，于是他们发明了数学公式；懒得出门听音乐会，于是他们发明了唱片、磁带和CD……"

马云自诩懒人，"光说不练"，但他能引导他的团队成员"练"，这就是一个优秀的领导者。他有能量把团队成员同心协力，将工作做到极致。

杰克·韦尔奇被众多媒体誉为"20世纪最伟大的CEO"、"全球第一职业经理人"的商界传奇人物，自1981年担任通用电气公司董事长与首席执行官以来，短短20年时间，韦尔奇把GE从一个痼疾丛生的超大企业改变成一个健康高效、活力四溢、充满竞争力的企业巨人。在杰克·韦尔奇的眼里管得越少的领导才算是合格的领导。

思科公司总裁兼首席执行官约翰·钱伯斯说："也许我比历史上任何一家企业的总裁都更乐于放权，这使我能够自由地旅行，寻找可能的机会。"

美国前总统里根也是一个很出名的"放任主义者"，他只关注最重要的事情，将其他的事情交给手下得力的人去负责，由此，他可以经常去打球、度假，但这并不妨碍他成为美国历史上最伟大的总统之一。

多想、多看，大胆让别人干，这是带团队出成效的必须掌握的原则。

马云微语录

"当干部之前你一定要让他学习怎样当干部，有很多干部是劳模干部，这类人很勤奋，如果你把他升为经理，他觉得领导喜欢我这样当经理，凡事带头干，但他却不能培养激励下属。真正优秀的领导是能让下属成为劳模的人，而不是自己当劳模。"

◎ 外行领导内行

> **"** 外行是可以领导内行的，关键是要尊重内行，这个是我总结出来的很重要的一点。**"**

马云

团队创新，首先就要打破思想的束缚，只有这样，才能实现真正意义上的创新。我们长期以来，一种惯性的思维是好像只有内行领导一个团队，才能使得一个团队走向辉煌，但事实果真如此吗？恐怕未必。有很多例子可以证明，外行领导内行，反而更容易取得成功。

其实，在一个团队管理中，创新的思维无处不在，关键看我们是否去用心进行了思考。在传统的惯性思维里，"外行领导内行"好像有些另类，其实这是因为我们的思维还没有能够逐渐放开，作为领导者，只有领导水平高低的问题，侧重点并不在"内行"还是"外行"。马云可谓是"外行领导内行"成功的一个典型。

马云本人是学英语专业的，正如他自己所说，他"既不I也不T"，但是以他为首创办的阿里巴巴、淘宝、支付宝等网络交易平台或第三方支付平台，现已成为我国，乃至世界上的互联网巨头。

那么，作为IT外行的他，又是如何领导大批行业精英造就了阿里巴巴呢？

关键在于他对团队的技术人员给予充分的尊重和自由，不干预他们的具体工作，只负责公司发展的一些方向性、战略性问题，从而大大激发了团队成员的工作热情，能够让团队成员很好地按照自己的专业思路，打造过硬的产品。

除了马云，外行领导内行成功的还大有人在，比如，IBM的前任董事长郭士纳也是一个IT外行，却带领IBM起死回生，重新走向辉煌。可见，外行领导内行，甚至可以说，具有特别的优势。

1. 视角更宽阔

经过观察发现，社会上的人其实可以分为两种：一种是专业人员；另一种是管理人员与经纪人员。一般情况下，纯粹的专业人员，其思路大多局限于自己的专业，而任何事物又都是互相联系的，所以，纯粹的内行，反倒更难以胜任管理的岗位。当然，有些专业人员，在自己的行业之外，能够积极学习其他的知识，丰富了自己的知识结构，也是可以很好地胜任领导岗位的。而对于管理人员来讲，需要具备良好的综合能力，或许对专业的了解还达不到专家的水平，但也并非没有概念上的认知，同时，在专业以外，也掌握了丰富的经验和知识。外行领导内行，可以跳出内行的惯性思维，更容易看清问题的本质所在，就像马云当初创办阿里巴巴时，很多内行员工从专业角度出发，并不看好B2B，但马云作为一个外行，敏锐地看到了B2B的美好前景，所以，坚决按照B2B的方向发展，最后创造了阿里巴巴的辉煌。一个企业固然需要懂专业技术的人才，更需要能够看清前景方向的领导者。从这个角度上来说，外行领导内行甚至具有先天性的优势。因此，一些外企甚至倡导外行到公司做高管等。

2. 做事谨慎

因为是外行领导内行，外行的领导自身专业背景有所欠缺，所以在带领团队时能够更谨慎。比如，我们所说的"马路杀手"，很多是老鸟，那些上路的新手反倒交通事故率极低。所以，在管理中也有很相似的情况，专业水平高的人会有一种不自觉的"自信"，而且这种"自信"很容易出现过度自信的过失。

3. 充分尊重员工

员工和团队是唯一能够改变一切的力量，是帮助你实现梦想的基础。很多企业总是抱怨创新过程中所碰到的问题，它们不知道如何实现目标，究其原因，很大一方面就是管理者和决策者没有倾听员工的意见，把注意力集中在了股东身上。确实，股东会给你很多意见，但这些意见很多时候不符合公司的内情。企业真正的创新动力和财富是广大员工。所以，尊重员工才能得到做好的回报。马云曾因在媒体面前高调而备受争议，但没有人否认他的管理艺术和管理团队。马云对自己的团队十分自豪，他曾说，"我最骄傲的是我们的人，其次是我们的投资者，最不骄傲的是我们的网站。"成功的企业家都深谙尊重人的重要性。松下幸之助以最会栽培人才而出名，他说："我要使我的下级有这样一个信念，就是为他们所做的工作感到自豪，甚至当这工作是擦地板时。"

外行在领导内行时，通常已经在职场上饱经磨练，个人的知识结构经过不断整合已成为复合型人才；个人的格局逐渐放大，其协调能力、战略眼光、战术的运用、包容的胸怀，已非普通领导者所能企及的。所谓的外行只不过是并非科班出身而已。

总之，在组建一个团队时，是选择"内行"做领导，还是"外行"做领导，并不是决定领导人选的关键。一个团队的领导，重要的是能够从宏观上驾驭前进的方向，统筹协调；从微观上能够激励人心，让每一个人都能够清晰地认清自己的努力方向。

马云微语录

"外行因为不懂技术，所以更容易摆脱条条框框的束缚，思想更活跃，更注重技术开发所带来的体验效果，从某些方面来说，外行领导内行是有天生优势的。"

◎ 别拿自己太当回事

❝阿里是一个团队，不是一个人，有说话的，有干活的，有搞技术的，有搞战略分析的，有各种各样的人。在这个团队里面，靠一个CEO谁都没有这个能力，我哪有这个能力，在阿里巴巴我只是负责说话的人。**❞**

马云

马云把自己比作水泥，把许多优秀的人才黏合起来，使他们劲儿往一处使，从而推动了阿里巴巴的不断进步。一个好的领导者，不在于自己是多么的全能，重要的是能够把员工都团结到一起，让大家围绕共同的目标去努力。

一个人只要工作就不可能不犯错误，关键在于能否承认错误和改正错误。在工作中，请不要过于"包装"自己，适当地"示弱"，袒露自己的错误，不但不会降低你在下属心目中的威信，反而会增强下属对你的信赖，也会增加团队的黏性。

"2001年，我犯了一个错误，我告诉我的18位共同创业的同仁，他们只能做小组经理，而所有的副总裁都得从外面聘请。现在10年过去了，我从外面聘请的人才都走了，而我之前曾怀疑过其能力的人都成了副总或董事。"马云不止一次地在公开场合承认自己在招聘人才上犯下的错误。

领导者勇于承认错误，知错就改，那他就是非常了不起的人。事实上，敢于承认错误、改正错误的人一定会受到人们的尊敬。

在企业里，如果领导能够放下自己的身段，充分尊重自己的员工，往往会产生比金钱激励大得多的激励效果。

领导者可以试着从以下几个方面做起：

1. 尊重你的员工，把自己和员工放在一个平等的位置

领导者要尊重员工，并经常同他们进行开放式的沟通，用这种办法来使

团队中的每一位成员都感觉到自己在公司的重要性。领导者不能从个人偏好出发而刻意喜欢或者厌恶某位员工。

IBM的总裁小沃尔森在任职期间提拔了一大批他不喜欢、但具有真才实学的人。他曾经这样回忆道："我总是毫不犹豫地提拔我不喜欢的人。那种讨人喜欢的助手，与你一道外出钓鱼的好友，则是管理中的陷阱。相反，我总是寻找精明能干、爱挑毛病、语言尖刻、几乎令人生厌的人，他们能对你推心置腹。如果你能把这些人安排在你周围工作，耐心听取他们的意见，那么，你能取得的成就将是无限的。"

2. 给员工发言的权利

意见"宜疏不宜堵"。在企业里，必须让员工说话，尊重员工的意见，不论他们说的正确与否，都要搭建一个"输出"的平台。如果剥夺了员工的发言权，就谈不上对人的尊重，更谈不上信任。那样，员工对组织提出的宏伟目标就会没有亲和力，表现出事不关己、高高挂起的态度。对管理者而言，尊重员工的意见，就是要让员工自己管理自己，自己做自己的主人，充分发挥参与式管理的作用，实现团队的沟通与互动，提高组织效率。

3. 给员工私人空间

尊重员工就是给予员工一个私人空间，即使是在上班时间。作为经理你不可以也不可能每时每刻都监督在员工的身边，你所能做的就是指导帮助员工学会时间管理，利用好自己的时间，做好自己职责范围内的工作规划和计划，做好自己的发展计划，用计划和目标管理员工。

马云微语录

"让每一个人的才华真正地发挥作用的道理就像拉车，如果有的人往这儿拉，有的人往那儿拉，互相之间先乱掉了。我在公司的作用就像水泥，把许多优秀的人才聚合起来，使他们的力气往一个地方使。"

◎ 慷慨一点儿员工会更卖力

> "员工的离职原因很多，只有两点最真实：一是钱没给到位；二是心委屈了。这些归根到底就一条：干得不爽。"
>
> 马云

谈到员工离职时，马云讲了上面的话，此语看似简单却直中要害。管理是一项复杂的系统工程，而对"心"的管理，乃是其中的重要一环。这在现代管理学中有个对应的词汇，叫"心本管理"。

马云把自己的团队比喻成梁山好汉108将，并为自己的团队感到骄傲。由此我们不难理解，马云之所以会取得今天的成就，很大程度上在于他重视和尊重自己的团队，懂得与团队成员去分享成功，因此他的团队始终都有强大的凝聚力和战斗力。

马云说，许多人认为专家很重要，中层管理人才很重要，但是他们往往忘记普通的员工，普通员工对企业来说更重要。马云举了这样一个例子来证明："我们家保姆，我给她1200元，杭州市场价800元。她做得很开心，因为她觉得得到了尊重。而那些高层他们月薪四五万元，即使你给他加一万元、两万元，他也不会感到什么。但是你若给广大员工增加一些，那么士气就会大增。"

老板要懂得与员工分享财富，与客户分享利润。不懂得分享的人聚不到人。有的管理者目光很短浅，想着：我本来就只有10%的利润，还怎么能跟他们分享呢？但这个世界奇怪就奇怪在这个地方，你不分享的时候你就是10%的利润，你分享了，你就可能得到100%的利润。

每个做企业的人都想着赚钱，这自然无可厚非，然而在赚钱的过程中，企业的领导者应该清楚这一点：钱是人赚来的，如果想挣到更多的钱，就需要让自己的员工发挥最大的潜能。而"又要马儿跑，又要马儿不吃草"显然是绝对不行的，让员工发挥潜能就应该给他们足够的信心和动力。

所以，你的团队成员离开你的时候，你要想到一点，我们需要雷锋，但不能让雷锋穿补丁的衣服上街去，让他们跟你分享成功是很重要的。

马云微语录

"员工是公司最好的财富，有共同价值观和企业文化的员工是最大的财富。我们坚信员工不成长，企业就不会成长。把钱存在银行里，不如把钱花在培养员工身上，把钱投在人身上是最赚的。"

◎ 演讲实录：我不希望有人对我说"拜拜"

2007年7月29日马云在跟"五年陈"员工交流时的讲话

我不希望看到你们当中有些人说拜拜，你们辛苦努力吧，我享福去了。这种享福的人，我看到的概率是百分之零点零几成功的，很少很少有成功的。阿里巴巴是一个团队，有你很好，没有这个团队，你很不好。你离开了，要去再找这样一个团队很难。

最近有个人给我写了一封信。这人离开了，加入了竞争对手。他说本来也是很好的一家公司，也是互联网公司，没想到里面乌烟瘴气。他特别怀念阿里，怀念淘宝，能不能够回来？很难了，我觉得加入对手这种人阿里巴巴永远不欢迎。

你想想看，你的同事、你的部门的人加入了对手，形势不好又回来了，这是放出什么信号？如果打败我们了，你说那个人会回来吗？不会回来的。

所以我想告诉大家，如果说你们去创业，或者竞争对手挖你，对你的期望值很高，觉得你是阿里巴巴出来的，其实你自己知道，这是整个团队带给你的。如果真要挖，那你把我一起带进去算了。

挖一个两个过去，你说会不会有变化？会有变化，但是不会有根本的大局面上的变化。这是整个团队的配合，李琪（原阿里巴巴COO）也好，Joe（蔡崇信，阿里巴巴集团CFO）也好，我们这些人的配合，是经过这么多年练成的。我们每个人像螺丝一样的牢。这是一个团队，像拼版一样拼起来的。挖我们去都没有用，挖一普通的干部员工去有什么用呢？

公司里面讲价值观考核。有没有人说特别喜欢考核？说喜欢，我相信是假的。但是有一点我告诉你，被考核过五年，突然不考核了，那也很痛苦。

大家记住，正因为你在这个公司里面待了五年，如果突然发现团队里面尔虞我诈，突然发现没有约束、没有纪律，你会沮丧到顶点。因为你已经在这个空气中，尽管空气并不纯净。但是相对来讲，阿里巴巴的空气比绝大多数公司的空气纯净多了。大家要维护好这个公司，这是我们共同生存、发展的环境，我们要发展一百多年的。

很多人请你去，我没有阻碍大家，这是大家的权利。但是，我也跟大家讲，如果离开阿里巴巴，我一定不进入互联网。如果不在这个公司做了，也不会在互联网做，这是职业操守和道德。我感谢这家公司，我不希望任何一家公司去破坏我们创建过的公司。

下篇

成长哲学：
如何带领你的企业走向更
远的地方

第十一章 **C**谈资本运作：
HAPTER ELEVEN

永远不要让资本说话，要
让资本赚钱

◎ 学会借助资本的力量起飞

◎ 说话就是生产力，要学会自我营销

◎ 真正的企业家能绑架资本

◎ VC不是爷，永远只是舅舅

◎ **演讲实录：永远要有自己的主意**

◎ 学会借助资本的力量起飞

"我很荣幸有缘与孙正义先生握手。"

马云

做企业，资金是至关重要的。我们经常感动于以前那些白手起家，辛苦赚取原始资本积累，用半辈子的时间把企业做大的创业公司，还津津乐道于这个企业家从没借过银行一分钱。

如今，一切都变了，先攒钱再赚钱的模式被颠覆了，由于资本一波波地融入各个行业，企业的发展道路演变成了"先花钱再赚钱"的模式。在这种背景下创业，你若是头脑里没有资本概念，你很可能会成为赢家脚下踏过的一把白骨，死得会悄无声息。

"快"，是现代企业必须的步伐，你不要再奢望市场能给你特别预留出来一二十年的时间让你慢慢爬行。资本和企业的联姻让企业间的竞争升级，一些名不见经传的小企业在获得资金注入后迅速崛起的例子每天都在上演。

创业者要明白企业融资战略的成功执行对于企业意味着什么。所以，企业要想发展，壮大，跟上时代的步伐，立于不败之地，企业家必须首先打破传统经营的思维方式。多数企业当下仍然处于一种传统经营状态：把上一年的赢余投入到企业里，扩大再生产，逐年以此类推，慢慢地滚雪球式的发展。这种发展方式目前已经成为企业成长的一种制约了，在激烈竞争的情况下，企业必须要快，否则就会被竞争对手吃掉。因此要想突破性地发展，借助外来资本是一种高效的方式。

创业者也要认识到，在中国，资本运营时代已经到来，企业之间的竞争不再仅仅是技术层面、人才层面的竞争，而是进入了更高层面的竞争——资本的竞争。企业之间竞争的胜负，并不取决于技术研发的速度和市场拓展的规模，而最终取决于企业融资的速度和规模。资本对于企业来说就是核武器，这种"核爆炸"的力量无比巨大，可以给企业带来飞跃式的发展。

企业的困境也不是靠钱能够解决掉的，但是如同生活中那句名言："钱不是万能的，但是离开钱是万万不能的。"所以，不融资你就可能输在了起跑线上，创业者胸中要有大格局，眼光也不能再停留在小米加步枪的年代。

马云是资本意识及早觉醒的企业家，也是一个善于"筹资"的创业者。

1999年初，马云决定回到杭州创业时，采用的就是融资模式，阿里巴巴是在大家集资了50万元的基础上诞生的。他在创业之初就认识到了资本的重要性，所以，把当时是一家投资公司的中国区副总裁的头衔和75万美元年薪的蔡崇信"忽悠"过来做阿里巴巴的首席财务官。

阿里巴巴在有了一定的知名度后很快面临到资金的瓶颈，到了连员工工资都要发不出来的尴尬地步。囊中羞涩的马云就开始积极寻求外部资金。在他的深思熟虑和慎重取舍下，最终接受了以高盛为主的一批投资银行的500万美元"天使基金"。这是马云的第一次成功融资，让阿里巴巴大喘一口气。

随着阿里巴巴的发展壮大，更多有实力的投资者也留意到这个快速发展的企业。日本软银总裁孙正义承诺给阿里巴巴注入3000万美元的资金。当时，马云认为钱太多了并不一定是好事，所以考虑之后确定了2000万美元的软银投资，阿里巴巴管理团队仍绝对控股。

从2000年4月起，纳斯达克指数开始暴跌，股市开始进入熊市，互联网的寒冬也来临了，在那两年几乎每天都有公司关门。但是由于阿里巴巴资金充裕，所以安然无恙地度过了这个艰难的冬天。与软银的联合也成为了阿里巴巴发展史上的第二次成功融资。

2004年2月17日，阿里巴巴获得雅虎、软银的8200万美元的巨额战略投资。这笔投资是当时国内互联网金额最大的一笔私募投资。2005年8月，雅虎、软银再向阿里巴巴投资数亿美元。在第三次融资后，阿里巴巴踏上了新的征程，淘宝网、支付宝、收购雅虎中国、开发阿里软件等。阿里巴巴也迅速成长为全球最大的B2B公司。

2007年11月6日，阿里巴巴在香港联交所正式挂牌上市，正式登上全球资本市场舞台。开盘当天，阿里巴巴的股票成为了香港上市公司中上市首日涨幅最高的"新股王"，创下香港7年以来科技网络股神话。当日，阿里巴巴的市值约280亿美元，超过百度、腾讯，成为中国市值最大的互联网公司。作为阿里巴巴集团的两个大股东，雅虎和软银在阿里巴巴上市当天账面上获得了巨额的回报。

时代确实变了，我们所熟知的知名企业中几乎都是靠吸入资金实现了跨越式的发展。所以，要想提升企业的市场竞争力，就要及早正视资本对于企业的作用。

企业根据其生命发展周期，可分为创业期、成长期、青春期、成熟期等阶段。每个发展时期，企业特征不同，其资金需求不同，可使用的融资方式也有所不同。

1. 创业期

企业在这一时期的主要工作是将技术创新成果产品化，将商品化产品推向市场，并根据市场情况优化产品与服务。这个时期，企业的产品市场前景还不明朗，企业可预见的成功率还较低，经营风险较大；又由于是新建企业，没有可抵押的资产，信用也没有建立，银行融资困难。企业资金主要用于产品的开发和进一步完善，购买生产设备以及发展销售渠道等。此时，企业资金需求和供给之间缺口大。企业在创业期阶段，可采用的融资方式主要有：（1）积极申请国家各项扶持基金，如科技型中小企业创新基金和创业服务中心（孵化器）的资金支持。（2）通过内部职工持股获取资金。内部职工持股，一方面可以筹集到企业创业阶段所急需的资金，另一方面可形成利益共享、风险共担的激励约束机制。（3）寻找投资早期项目的风险投资基金或天使投资人。

2. 成长期和青春期

企业在这一时期，产品与服务获得了客户的认可，销售收入增速加快，亏损降低或进入了盈利阶段。市场规模与发展前景逐步明朗化，企业可预期成功进一步明晰，投资风险逐步降低。为了保持高速成长，企业迫切需要资金扩大规模。由于企业销售收入和利润的快速增长，经营规模、资产情况和财务状况明显增强，债务融资渠道扩大，获取风险投资的可能性也不断提高。企业在这一阶段，可积极引进风险投资，也可以利用商业信用来解决企业自身流动资金缺乏的问题。另外，还可以进行银行融资，充分利用银行推出知识产权质押贷款、应收账款质押贷款等创新融资业务，获取银行贷款，以解决自身可抵押资产不足，以传统抵押融资方式获取资金不足的问题。

3. 成熟期

企业壮大以后已经具有一定的知名度，形成了品牌效应，企业的发展潜力也相对容易判断，企业良好的信用度和资产可以较容易获得金融机构的支持。融资环境和路子也变得宽松，所以能够吸引一些私募股权基金和战略投资者，在他们提供发展资金的帮助下，可以为企业助跑。同时也可以根据自身的情况积极谋求通过IPO或借壳上市，获取进一步发展的资金。若是公司战略发展需要，可以进行并购融资，通过外延式的并购发展模式，加快发展步伐。

不过要明白的是，企业获得资金不是目的，持续健康成长才是企业的终极目标。

马云微语录

"当我们有一个好的商业模式和团队时，投资者会主动找上门。"

◎ 说话就是生产力，要学会自我营销

> ❝全世界有钱人很多，但全世界能做阿里巴巴的人不多；全世界有很多投资者，但全世界马云就一个。❞
>
> 马云

马云是草根创业成功的榜样，许多人对他的创业经历都有所了解，也把他的创业经验拿来参考和学习。不过，大家在分析和总结马云的成功时，很少有人专门去分析口才对他的成功发挥了多大的助力。

从马云的十多年创业经历中我们可以看到，他的口才其实是他成功的一个关键因素，无论你听他在公众面前发表演讲，还是在公司面前讲话，你不得不佩服他的讲话技巧、用词艺术和演讲的勇气。

曾经，马云赢得了"互联网投资皇帝"孙正义2000万美元的投资故事被人们视为传奇。在那场著名的6分钟推介演说中，马云正是以他的口才征服了挑剔的孙正义。我们不妨再来回顾一下当时的情景。

1999年10月，一个朋友找到马云神秘兮兮地对他说："日本软银的总裁孙正义正在北京，想见你。你愿意见他一面吗？"马云一开始并没有把这件事放在心上。

到了2000年的冬天，马云决定去北京见一面大名鼎鼎的孙正义。当时马云只是想见一面这个大人物，并没有抱着合作的念头。

马云单枪匹马地去赴会，可是当他进了富华大厦后只看见会议室里坐了满屋子的人，包括摩根士丹利的人，个个西装革履，马云不觉吃了一惊。

每个被孙正义召见的人都要发表一番激昂的演讲，来阐述他们那些宏大的

商业计划。轮到马云了，孙正义对马云说了句"讲讲你的阿里巴巴吧。"

马云对孙正义说："我不需要钱。如果你有兴趣，我可以给你介绍一下阿里巴巴的情况。"孙正义当时还没有看过阿里巴巴的网站，他的助手打开电脑将阿里巴巴网站调了出来，马云现场作介绍。

6分钟后，孙正义说："马云，我一定要投资阿里巴巴。"

马云刚回到杭州，孙正义的代表团就到了他的公司考察。没过多久，一个朋友告诉马云，孙正义询问手下投资的事，并邀请马云到东京去，想亲自和马云谈。

马云和同事到了东京，见面的三分钟，双方就达成了协议，孙正义对马云赞赏地说："记住，今天是历史上最重要的一天，你们是我见过的最漂亮的团队！"2000年1月，双方正式签约，软银投入2000万美元帮助阿里巴巴拓展全球业务，同时在日本和韩国建立合资企业。

软银公司每年要接受700家公司的投资申请，但它只对其中的70家公司投资，而孙正义本人只对其中一家亲自谈判。在如此短的时间内做出了投资决定，对于合作双方来说都是破天荒的第一次。

对于马云和孙正义演绎的这个极富戏剧色彩的真实故事，很多人都感到好奇：究竟是什么神奇的力量让这两个人之间迸发出这种超常的"默契"？

马云自己的解释是他们之间有一种神奇的"很来电"的感觉。他曾这样描述这一生中最戏剧化的场面："从孙正义的眼神中，我知道我们一定要握手。我们对视了一小会儿，不约而同地呵呵笑了起来，4只手也紧紧地握在了一起。不用说话，彼此心里都知道，我们是一辈子的朋友，早就注定了的。我见过聪明的人物有很多，孙正义却是其中最特别的。他神色木讷，说很古怪的英语，但是几乎没有一句多余的话，像金庸笔下的乔峰，有点大智若愚。"

不过，我们更关心的还是，为什么孙正义看中了马云？

事实上，孙正义听完马云的话，就嗅出这个其貌不扬的男人身上那种果断、大胆、有想法、说到做到的独特气质。所以孙正义经常说："马云，保持你独特的领导气质，这是我为你投资的最重要的原因。"

获得投资者的青睐并不是靠煽动和瞎扯，一次掏出几百万几千万美元的人不是傻子，不可能被你的花言巧语所迷惑。马云的每一句话之所以那么有分量，他的气质之所以征服孙正义，他的产品或服务之所以被投资团队认可，就是因为他的口才把那些内在的东西展现得淋漓尽致。

会讲话对一个创业者来说非常重要。奇虎360的董事长周鸿祎认为，一个真正成功的企业家在口才上都不输于人。因为企业的发展、产品或服务的营销，寻求资本的注入，把企业推向人们的视野都需要不断地推销自己，他说："无论是面对投资人还是面对基金，有一天你需要路演，要面对那些投资者，一定要学会把自己的思路梳理得很有逻辑，并且用很清楚的语言表达出来。"

所以，光有好的东西还不够，还要把它推销出去，这就涉及一个人的说话的艺术。会说话对一个想成功的年轻人很重要，也有一些技巧性的东西。

第一，你要用心去讲话，讲你自己的真心话。别人要听你，一定是要听你自己脑袋里想出来的。把自己真正理解的想法告诉别人。

第二，讲话的时候越简单越好，多用些例子，人家就会明白你在说什么。若是没有好的口才，形容词也不多，就用最朴素的语言，越简单越好的语言，把意思表达出来就行。

第三，讲话的时候从对方去考虑。去和人家谈判之前，一定要替对方想过，一定要清楚人家想要些什么，这样做对你有什么好处，哪些是合情合理的。大家都知道谈判是讲究双赢的，客户不赢，你赢了没有用。

第四，说话不能太狂，不要老是觉得自己比别人强，就摆出一副高高在上的姿态，语气中满是优越感。

马云微语录

"如果你的产品或服务都很有优势，你跑过很多VC，大家都没给你钱，问题可能就出在你的自我营销上。如果你按现有的套路出去讲一百次，还不给你钱，因为大家觉得你的东西不是不好，而是听不懂。"

◎ 真正的企业家能绑架资本

> **"** 一个人脑子里想的是钱的时候，眼睛里全是
> 人民币、港币、美元，全部从嘴巴里喷出来，人
> 家一看就不愿意跟你合作。**"**
>
> 马云

现在社会，谁更了解资本，谁能用好资本，谁就能让自己的企业占到先机。

在中国航油前总裁陈九霖看来，中国经济的未来发展离不开真正懂得资本运作的企业家，而中国懂得资本运作的企业家太少，只知道埋头苦干而不懂得资本运作，就好比跋涉千山万水，放着飞机不乘偏要徒步一样。他指出，认识到了资本运作的重要性之后，即使商人们自己不懂，也可以借用中介机构进行资本运作。

京东商城创始人刘强东在"2012黑马大赛夏季赛"上表示，将来每个成功的企业家必须做好两点：一是经营好自己的业务，二是必须学会如何跟资本打交道，这是无法回避的话题。

有很多创业者，一辈子不敢跟投资打交道。大家千万不要忘记，企业不可能避开资本。过去多少年来，中国的企业家和创业者，跟资本市场打交道的时候容易犯三类典型的错误：

第一类错误就是骗。有一些创业者，拿了钱没有用于公司的可持续性发展，而是把股东的钱，把本来属于公司的钱吸到自己腰包里去。

第二类错误是心理失衡。当企业做大的时候，当初投资人注入的1000万人民币，如今可以拿走10个亿，心里开始不平衡，就逼迫自己老发期权，不断给投资人施压。其实投资人赚多少钱都应该，企业家把自己赚的钱都给了自己，那构不成资本市场。如果没有资本市场，当你需要钱的时候没有人给你投钱，所以没有资本市场也不会有企业家群体，二者相互依存。

第三类错误是在投资的时候规则不明。可能急着要钱，或者自己对资本市场不熟悉，又没在融资的时候找专门的律师事务所做风险防范，没有设立非常好的盈利规则，很多创业者跟投资人连合同都没有，或者简单签了，将来双方发生分歧的时候一团糟。双方合作之初就应该签署一个明确、规范的协议或者合同，清楚表明企业的经营、战略发生变化的情况下，用什么样的规则、机制去解决。

那么，应该如何处理好与投资者的关系呢？

1. 双向选择

创业者在寻找投资人的时候，一定要双向选择。不要以为资本有钱，资本来找你，就是你的幸运。不仅要让VC来调查你的情况，你也要调查投资方的底细。创业者也一定要对VC的背景、从业经历和业内口碑进行调查。

2. 要沟通，不要猜忌

创业者和投资方缺乏沟通，双方之间的联姻会很难走下去。就如当前创投界的热门人物吴长江和阎焱，"两个人都是好人，很义气，一样很直爽"，一开始相互关系都不错，但是碰到小问题，大家不去深谈，误会对方，最后矛盾爆发。大家都要保护自己的利益，双方之间肯定会有不同想法，但是一定要沟通，否则会出现大问题。

3. 要有自信

马云说跟风险投资谈判腰要挺起来，但眼睛里面是尊重。当然，别空说。你要用行动证明，你比资本家更会挣钱。

4. 诚实，不欺骗

对于管理者与投资者的关系，马云有自己的理解。他说，很多人认为，现在互联网讨论最多的是投资者和管理者有矛盾，其实不然。资本的实质就是逐利，它不是魔鬼也不是天使，更不会陪你白头偕老，它进入你的企业就是为了未来能顺利获利退出。所以投资者不会欺骗你，你也不要去刻意欺骗投资者。投资者给你钱的时候，你记住有一天你一定要还他，这是做人的品质。

5. 风险共担，你拿到的可能性会更大

商业合作必须有三大前提：一是双方必须有可以合作的利益，二是必须有可以合作的意愿，三是双方必须有共享共荣的打算。此三者缺一不可。风险

投资不是投资风险。商业活动跟实验室里搞实验不是一个概念，实验室里可能失败，但可以再次重来。商业活动是很严肃的一件事情，所以在这里面可能要考虑得更多一点，要找风险投资的时候，跟风险投资共担风险，你拿到的可能性会更大。

马云微语录

"我们需要的不是赌徒，而是策略投资者，他们应该对我有长远的信心，20年、30年都不会卖的。两三年就想套现获利的，那是投机者，我是不敢拿这种钱的。"

◎ VC不是爷，永远只是舅舅

> **"** 不要觉得VC是爷，VC永远是舅舅。你是这个创业孩子的爸爸妈妈，你知道把这个孩子带到哪去。舅舅可以给你建议、给你钱，但是肩负着把孩子养大的职责是你，VC不是来替你救命的，只是把你的公司养得更大。**"**
>
> 马云

很多创业者谈到自己的企业发展不起来，总是把原因归结到缺钱上。其实，如果你自己不认真分析企业发展的真正瓶颈，自己对融资要干什么、怎么干都没想清楚，就到处拉投资，是找不到真正有眼光的优质的投资人的。

"把握什么时候去融资，融多少钱，这是一个很有艺术性的问题。有时候你需要花费精力去融资，有时候你要去拒绝。这要根据自己的需要。"百度总裁李彦宏曾这样看待融资。

如果一个企业在资金上已到了山穷水尽的地步，有投资者主动送钱来，肯定是很多人求之不得的大好事。1999年7月的阿里巴巴无疑正处于这样的困境中。当时阿里巴巴是最需要外部资金注入的，可是令人不解的是，马云接二连三地拒绝了38家投资者。

第一个来找马云合作的是浙江本地的一个企业老板。那个老板开门见山："马云，我给你100万，你给我每年10％的利润就行，也就是说明年这个时候你给我110万，怎么样？"马云回答："您真是比银行还黑！"

1999年7月的一天，马云在湖畔花园的客厅里接了个投资者的电话，然后与彭蕾一起见了投资者。例行的寒暄过后，谈判很快进入了实质性的问题。投资经理们表示如果马云同意他们拟定的股权比例，可以马上签协议。当时公司账上已经没钱了，可是马云觉得对方的股份占比太大，坚定地告诉对方："我们认为阿里巴巴的总价值是我们所认为的那个，你们的看法与我们差距太大，所以我们看来无法合作。"就这样，这场谈判夭折了。

因为在马云心中，这笔投资虽然可以解燃眉之急，但却是以出让控股权为代价。另外，除了钱，投资人并不能为阿里巴巴带来更多的东西。他一直认为最合适的风险投资是策略投资者，而不是短时间内就想着套现获利的，他们应该对企业有20年或者30年的信心。

马云按照自己的标准，在拒绝了一些投资的同时，带着风险投资经理人出身的蔡崇信为阿里巴巴找寻资本的注入而四处奔波。功夫不负有心人，阿里巴巴终于等到了最适合企业发展的优秀投资者。1999年8月，蔡崇信与一位旧相识的偶然相遇带来了阿里巴巴的第一笔来自高盛的"天使基金"。

1999年10月，由高盛公司牵头，美国、亚洲、欧洲多家一流的基金公司参与，为阿里巴巴引入一笔高达500万美元的风险投资。这个数目在当时的投资热潮中并不算多，当时高盛的要求比其他投资人苛刻得多，但马云和蔡崇信商量之后还是决定用高盛的钱。因为一方面它是美国有名的投资公司，市场号召力强，可能会对阿里巴巴未来在美国开拓市场有些帮助；另外高盛的规模大，看事情比较长远。

一些企业在资金极其缺乏的时候，会产生一种"有奶就是娘"的心理，只要有人投钱就一概接受。创业者要清楚地知道被他人控股的后果，也要明白自己控股可能出现的问题。所以选择投资者并不是一件简单的事情，不是把风投引进来就完事了，要看除了钱，你还能从中得到什么帮助。

马云微语录

"我并不看重钱，我看重钱背后的东西，我看重这个风险资金能够给我们带来除了钱以外的东西，这是我最关注的。所以，我挑剔风险资金的程度绝对不亚于风险资金挑剔项目，我比它们还过分一点儿。我建议大家以后创业，不要受控于资本意志，要学会倾听投资者，尊重投资者，但是最后做决策的时候一定要自己拍板。"

◎ 演讲实录：永远要有自己的主意

2010年9月10日马云在第七届网商大会上的讲话

我很荣幸做了阿里巴巴网，可以和大家一起参与做淘宝网，而且一路走得那么顺利，真的很幸运。你今天问我："你们是怎么走过来的？你们真聪明。"甚至有很多人说："马云，你太能干了，有远见卓识，了不起！"有时候看到网上表扬我的话，我真的觉得很不好意思，我哪有那么神？我自己都不知道是怎么赢的，但是我知道是怎么输的，输了都是因为我一时的贪恋或者一时的冲动所致。但事实上我觉得每一次活动的成功，首先感谢的是这个时代，感谢中国经济的发展、互联网的发展，还要感谢我的同事没日没夜的努力，是他们一点一滴地把这个东西变成了现实。任何一个故事、任何一个互联网的概念，假如没有别人的参与，是十分艰难的，是几乎不可能实现的。

我记得从1999年开始做阿里巴巴的时候，我们想给中小企业做平台。我们自己的想法谁会相信？但是很多小企业相信了我们，然后我们一点一滴做起来。刚开始做淘宝网的时候，我们是7个人在杭州的湖畔花园创业。当时，我们每个人要找4件产品挂上去，一共要找28件商品挂到网上，使得人家可以拍卖。结果，我回家怎么找也找不出4件东西。那一天，7个人总共凑了17件商品上来，当然没人来买，我们就自己买自己的。

后来，有一个客户把东西挂上来的时候，我们赶紧把它买下来，只要有人挂上我们就买，市场就是这么一点点做起来的，我们感谢客户的信任。然后，来卖的人越来越多，来买的人也越来越多，形成了今天这样的市场。没有客户的信任，没有大批用户的信任，今天就不可能有阿里巴巴，也不可能有淘宝网，所以我特别感恩。

我觉得，我们除了感恩以外还要有敬畏。对阿里巴巴来讲，我们有敬畏之心，我不知道背后是什么东西，我相信未来10年、20年没有那么顺利，我们愿意为这10年、20年怀着敬畏之心不断改变自己。所以，这两个心我觉得非常重要，尤其是敬畏之心。很多人说，这个人好勇敢，我觉得勇而敢者死，勇而不敢者胜，我们勇而不敢。很多时候，我说我有这个勇气，我敢动，但是最后我不敢，我对规则，对规律，对莫名其妙的力量有尊重，有敬畏。

所以，今天的阿里巴巴能走到现在，而且越到现在我们越充满感恩，越到现在我们越有敬畏之心。我认为，现在很多年轻人有点浮躁，缺乏了信仰。何为信仰？信就是感恩，仰就是敬畏，还有要改变自己。我们总埋怨外界，别人是错的，却从来没有想过自己应该干吗，该做什么样的事情来完善自己。

我儿子18岁的时候我给他写了一封信，要求他：第一，永远用自己的眼光思考问题，不能别人说东就是东，别人说西就是西。我和在座大家有一个不一样的地方，我十二三岁的时候就在杭州西湖学英语。很多外国游客经常到杭州来旅游，我坚持了九年时间，不管刮风下雨，总是带着他们在西湖边转，做免费的导游，他们免费教我英文。我给他们当导游，我学的是文化，我觉得老师讲的世界和英文与老外讲的不一样。我一直认为，中国是全世界最强的国家，从小到大我觉得我们是要解放全人类的，最后发现人家要"解放"我们。

1985年，我第一次去澳大利亚的时候，我吃惊得要命：澳大利亚怎么那么发达，那么先进？我们那个时候刚刚有万元户。我心里特别震撼，特别难过，从此以后，我养成了一个习惯：任何问题都要用自己的眼光去思考。

第二，永远积极乐观地看待未来。我们碰上的困难够多了，但是以前困难，将来还会更困难，我们现在比第一次世界大战的黑暗、第二次世界大战的黑暗不知要幸运多少倍。我们也抱怨过20世纪60年代的人，特讨厌20世纪40年代、20世纪50年代，今天他们在讨厌我们"80后"，"90后"。我们都有被讨厌的时代，但我永远相信一代超过一代，一代胜过一代，这是我们今天的信心所在。

今天在互联网上，在阿里巴巴这个平台上面，在公司内部，我和同事们交流，我们很难让全社会和我们想得一样，事实上，我们要尊重不同的声音。要有不同的声音，我可以不同意你，但是我尊重你讲话的权利。开放就是这样，别人可以骂我，没关系，但我尊重你，你可以讲，而我有我的观点。就像有人提及比较敏感的话题，有人到淘宝示威游行，你有你讲话的权利，我有我的原则，但是原则是不能变的。假如所有人都放弃了原则，放弃了坚持，放弃了走正路，走阳光路，结果会怎么样？90%的人是好人，90%的人是走阳光大道的。

今天的社会，我们永远看到的是指责、埋怨，都是别人不对，我心里特别难过。我希望阿里人、淘宝人，所有的创业者们用积极的、乐观的心态看外面。

第十二章

C谈营销心得：
HAPTER TWELVE

办一个市场就是办一次舞会

◎ 好玩儿，好看的才好卖

◎ 让名人成为免费代言人

◎ 服务是世界上最贵的东西

◎ **演讲实录：让天下没有难做的生意**

◎ 好玩儿，好看的才好卖

"有品位、时尚的娱乐必须引导未来的趋势。如果我没有看过《天下无贼》，我们不会有这么大的改变；我看过《天下无贼》后，才明白娱乐代表未来。"

马云

美国著名管理学家斯科特·麦克凯恩说："一切行业都是娱乐业。"甚至有人这样评价这种营销手段："如果说，19世纪的营销是想出来的，20世纪是做出来的，那么21世纪的营销就是玩儿出来的。"

所谓娱乐营销，就是借助娱乐的元素或形式将产品与客户的情感建立联系，从而达到销售产品，建立忠诚客户的目的的营销方式。从娱乐营销的原理分析，娱乐营销的本质是一种感性营销，感性营销不是从理性上去说服客户购买，而是通过感性共鸣从而引发客户购买行为。这种迂回策略更符合中国的文化，更加注重感官体验和心理认同。

娱乐营销，正是马云的主攻方向。以淘宝网为例，《天下无贼》《头文字D》这两部电影都可以算得上是马云娱乐营销的经典战役。

2003年诞生的淘宝网开始并不被人们看好，为了拓展生存空间，2004年4月2日，淘宝网和《天下无贼》进行合作，投入了1000万元做广告贴片、海报宣传、新闻发布，以及还在影视副产品网络合作开发和网络增值方面建立了伙伴关系。一部《天下无贼》，让淘宝网赚尽风头。

2005年2月，为了宣传升级后的"支付宝"，马云请出了华谊兄弟公司的老板王中军担纲，拍一部专为"支付宝"宣传的广告片。广告片中聚集了葛优、傻根、范伟、冯远征等电影中的原班人马，在电影里，傻根通过"支付宝"将其挣得的6万元辛苦钱快捷安全地汇回了老家，从此"用支付宝，天下无贼"的安全理念发酵传播。有了《天下无贼》的铺垫，淘宝网选择《头文字D》作为自己第二个深入合作的影片，淘宝网成为最大的赞助商，淘宝网借势提升自己的品牌。

2006年马云亮出重金力邀张纪中、陈凯歌、冯小刚3位著名导演为"雅虎搜索"拍3条2～3分钟的广告片，这是当年最震动的十大营销事件之一。

马云对于娱乐营销的方式是越来越自信。所以，在收购雅虎中国以后，他就先后以8000万元夺得了央视标王，做华语音乐榜中榜首席赞助商，举办"雅虎搜星"大赛。

在当下广告的边际效应锐减、市场竞争加剧的情况下，企业可以把借助娱乐活动作为营销突围的有效武器之一。

2012年9月底娱乐音乐栏目《中国好声音》第一季刚刚落幕，2012年11月2日即举行第二季广告招标，首季独家冠名商加多宝集团最终以2亿元蝉联第二季的独家冠名权。借势娱乐营销，加多宝正在完成其凉茶品牌的转换。

2013年，娱乐营销的浪潮是一浪高过一浪。伊利用比第一季翻了11倍还多的近3.2亿砸下第二季《爸爸去哪儿》的冠名权。品牌商借贺岁电影《私人订制》的时机高调亮相，中国平安继植入《辣妈正传》成功营销之后精心炮制的"私人订制平安夜"的活动再掀众人狂欢。

在一个全民娱乐的时代，谁搞好了娱乐，谁就能俘获更多的消费人群和潜在的消费者。目前，娱乐营销的方式也发生着重大的转变，从名人代言、单纯广告植入的"一次性"合作，发展为与品牌形象贴合的深度合作，让产品或服务在满足当下人们情感需求的同时更深入人心。

"娱乐内容是网民最为关注的互联网内容，雅虎搜索要成为第一搜索引擎，必须全心投入娱乐，引导娱乐。"

马云微语录

◎ 让名人成为免费代言人

> "我曾经编了一句话：世界首富比尔·盖茨说，互联网彻底改变人类的生活方式。"
>
> 马云

现代企业最主流、最直接的品牌传播方式非做广告莫属了。于是，大量的广告充斥于人们生活的各个角落。不过这种铺天盖地、自卖自夸、抢眼球的宣传方式，往往是商家花了大量的钞票却又会让人产生一种抵触心理。而名人代言的广告则大不相同，名人一般都具有较高的知名度，或者还有相当的美誉度，以及特定的人格魅力等，借此参与广告活动特别是直接代言产品，与其他广告形式相比，可能更具有吸引力、感染力、说服力、可信度，有助于引发受众的注意、兴趣和购买欲，同时体现品牌实力，进一步提升企业和产品的社会形象。

早在20世纪初，美国智威汤逊公司在力士香皂的广告中开始使用影星照片，名人广告由此成为重要的广告表现策略。而在当今的中国，近20年间各类名人广告更是数不胜数。所以，有人说中国的广告业已经进入"形象代言人时代"，或者说是"眼球经济"的一个表征。名人广告有着积极而特殊的效应。当下，各种形态的名人广告越来越多，据业内有人估计，目前全国80%的品牌为了争夺市场，纷纷挑起名人广告大旗以利竞争。随着产品与市场竞争的加剧，名人广告也以各种形态存在于我们的生活中。除电视、报纸、杂志、广播、户外路牌等传统媒介外，也包括网络、游戏软件等新型媒体，以及各类商业推广中。

马云向来是个走在风口浪尖的人，他在创业之初就开始尝试借助名人营销来提高企业知名度。

1995年，马云创办"中国黄页"时，国内懂得互联网的人寥寥无几，大多数企业家都不知道网站是用来干什么的。所以很多人都把他当作骗子看待。在这种情况下，马云一边激情地进行宣传演讲，一边为让人们迅速接受这个新兴的事物而思索，于是他便天马行空地想出来一句经典的广告语，他打着比尔·盖茨的招牌说："互联网彻底改变人类的生活方式。"这句话迅速成为当年的流行语，当时很多人认为这句话真的是出于比尔·盖茨之口。有了比尔·盖茨这个世界级的偶像，马云和他的中国黄页很快就吸引了各路媒体、企业家和大众的关注，中国黄页也借此走进人们的视野。后来马云坦诚此事时说："其实这句话是我说的，但是我若是说是马云说的谁会搭理？所以我说是比尔·盖茨说的，其实他那时候还是很反对互联网的。"

马云是个非常善于借名人造势的人。他是个有武侠情结的人，小时练过8年的太极和多年的散打，并且对金庸情有独钟，还把自己称作《笑傲江湖》的风清扬。在他的思维里，IT就是一个江湖。所以他就想出了"西湖论剑"这个绝妙创意。

2000年7月29日，马云在香港出差时，一位记者自发地为马云和金庸安排了一个会面。马云见到自己崇拜多年的偶像，激动万分。那天整整谈了三个多小时。临别时，金庸为马云手书："神交已久，一见如故。"从此，两人成了忘年交。

几个星期后，马云内心酝酿着一个想法，当时中国互联网的CEO都在打架，他便想邀请新浪、搜狐、网易、8848的掌门人一起搞个"西湖论剑"。金庸便是这个聚会主持人的不二人选。首先，金庸的名气足够大，他的名字和作品早已被网民熟知并成为网络热点，他笔下的人物也常常是人们讨论的话题。其次，他名下的媒体经营得很成功，生活也很幸福。马云认为网络是商业，也是生活，金庸敏锐的洞察力是不多见的，年轻的互联网需要指点。另外，他德高望重，号召力也很强。

第二天，马云便打电话邀请金庸参加"西湖论剑"。网易的丁磊和8848的王峻涛两人都是金庸迷，一听金庸要来，立马答应。接着马云又约到了张朝阳、王志东。

2000年9月9日，聚会安排在西湖湖心一个很像桃花岛的地方。马云为聚会准备了充足的戏码。74岁的金庸来到西湖，前来赴会的有新浪的王志东、搜狐的张朝阳、网易的丁磊、8848的王峻涛，同时还有不请自到的上百名记者。

当时，王志东、张朝阳和丁磊，被人们称为中国网络的"三剑侠"，马云的名声远不及这三位，阿里巴巴的名声也远不及新浪、搜狐和网易。而西湖论剑之后，马云的阿里巴巴像坐了登天梯一样，一路上扬。

马云的名人营销招数影响是巨大的，取得的效果也是大家有目共睹的。这再一次表明，企业成功地借助适合或者正确的名人来代言自己的产品，就会有良好的营销效益，因为良好的被大众所接受的名人会使消费者所信服。

马云微语录

"营销营销，除了'营'还得'销'，'销'的结果就是数字，没有数字，没有结果，你的员工就得饿肚子，你的公司就得关门，再好的理念都只能写在书上。"

◎ 服务是世界上最贵的东西

> " 服务绝对不是这个部门的工作，绝对不是那个部门的工作，服务是每个员工的工作，是每个manager（管理者）的工作。"
>
> 马云

21世纪，最大的竞争是什么，有人说是人才的竞争，有人说是产品的竞争，有人说是知识的竞争，但是比尔·盖茨告诉你，服务才是21世纪的最大竞争力，他认为21世纪所有的行业都是服务行业。

有些目光短浅的人认为服务是一种代价高昂的浪费，就像赢了钱还继续赌一样，这种观点是完全错误的。因为我们必须正视这样的事实：服务质量是区分一家公司与另一家公司、这件产品与那件产品唯一的因素，在高度竞争的市场经济体制下，没有一种产品能够远远超过竞争对手，但是，优质的服务却可以区分两家企业。一旦你为顾客提供了优质的服务，无疑你就比你的竞争对手更有优势。所以，从某种程度上来说，服务无疑就是企业的一个隐形产品，也是直接影响其收益的一个最重要的产品。

我们随便翻开那些研究成功企业的著作都会发现，那些企业其实一直都将服务好消费者看成是企业实现持续发展的根本。

早在10多年前，海尔就清楚地意识到，当冰箱在省电、静音，彩电在尺寸、色彩等功能上分不出高低的时候，厂家大打价格战。价格战是没有出路的，出路在哪里？海尔发现，服务是个大问题。于是在各大厂商纷纷回避服务问题时，海尔创新性地提出了"免费服务"的"五星级模式"。

在马云眼中，阿里巴巴就是一家服务型的企业。2007年8月27日，他在湖畔学院的讲话中专门强调了这一定位：

"我们公司的定位是什么？我们是一家现代服务业的公司。告诉我们所有的员工，阿里巴巴是一家现代服务业公司。说透一句话，我们靠服务吃饭。服务绝对不是这个部门的工作，绝对不是那个部门的工作，服务是每个员工的工作，是每个manager（管理者）的工作。

"我特别希望我们阿里巴巴也出现这样一批员工，就像我上次说的，Toyota（丰田）公司，那个老头能够在下雨天去替别人修在马路中间爆胎的汽车。我们员工要捍卫、建立自己这方面的服务品牌。

"服务是世界上最贵的东西。世界上什么东西最贵？机器不贵、设备不贵、房子不贵，都是可买的。只有服务是最昂贵的，服务用的是我们每个人的时间。我们的时间是没有办法买回来的。

"现在，星期六、星期天，我们服务人员要值班。请大家做好工作，我觉得很快就要建立起来。因为淘宝网啊、支付宝啊、阿里巴巴啊，服务人员休息，客户的生意没法休息。"

服务决定成败。它不仅可以让你立足，更让你脱颖而出。在品牌竞争和服务竞争的时代，企业要想营造出自身独一无二的竞争优势，就必须强化企业的服务能力，以服务来营造竞争力。

马云微语录

"最佳的服务就是不要服务，最好的服务就是不需要服务，完善好一个良好的体系最重要。从中国来说，服务是最昂贵的产品，服务也是将来的一个趋势。但是服务型企业的最终目的一定是要让你的客户不需要服务，这样企业才能做好。"

◎ 演讲实录：让天下没有难做的生意

2007年2月27日马云在阿里巴巴集团表彰大会上的讲话

一般来讲，我不太喜欢回顾过去，总而言之2006年过去了，现在面临的问题是2007年我们应该做什么？前三个月公司做了很大的努力，我们做了阿里巴巴有史以来最大的组织架构变动，我们变成了一个控股公司，成为集团，下面是5家全资子公司：阿里巴巴、淘宝网、支付宝、雅虎、阿里软件。我们这样设置的主要目的是希望在阿里巴巴所涉及的5个领域、5家公司都成为该行业的领导者，能改变行业的很多看法。

我在很多场合说了好几次了，2007年我们会采取一系列的举措来改变外界对我们的看法，来促进阿里巴巴的发展，让客户、投资者更了解阿里巴巴，让我们的员工能够生活得更好、工作得更开心。2007年会成为阿里巴巴年，但是我们真正希望改变和促进的是：我们要把2009年变成中国的电子商务年。

离2009年还有将近三年的时间，在这三年内我们要做的事情非常多。2009年中国会因为阿里巴巴集团在电子商务领域取得的成就而发生翻天覆地的变化，而启动就从2007年开始。2007年我们公司的整体战略将会确保企业对企业的电子商务继续成为公司的"奶牛"，扩大B2B市场占有率，加强B2B网站建设，提高B2B客户对我们的满意度，B2B还将引领整个公司往前发展，2007年淘宝网、支付宝将全力促进自己的交易量。

很多人在传言淘宝网没有商业模式、没有赚钱的模式，我想告诉这些人和我们的干部：Forget about money（忘掉赚钱）。

我们计划在2007年、2008年淘宝网和支付宝全力配合，达到1000亿元的交易量，成为中国最大的零售业。在我看来，10年以内淘宝网将成为世界最大的零售商，我们未来的对手是沃尔玛。所以我想在这儿给淘宝网、集团所有干部提一个要求，2007年淘宝网的交易量希望能够突破400亿元。2008年如果我们能够突破1000亿元的话，我们将真正改变整个中国的商业环境，我们一定能够为中国创造100万个就业机会，如果有1000亿元的交易量，整个中国会因为电子商务发生翻天覆地的变化。这才是我们的理想，所以在1000亿元目标没有实现之前，淘宝网、支付宝的主要目标还是一句话："我们忘掉赚钱。"

我们永远不要忘记使命感：让天下没有难做的生意、让天下没有难管的生意、让天下没有买不到的东西。现阶段我们公司首先要承担的社会责任，就是让我们的网络能够真正对社会有贡献，而不是给我们的下一代带来有害的东西。所以我讲哪怕有Online dating（在线交友）也好、凶杀也好、色情也好，我们宁可公司破产也不需要靠这些赚钱。希望大家一起把这种社会责任传承下去。

今天我们公司创立才8年，我也只有四十几岁，我会把我大部分的钱捐献给慈善事业，但是今天要做的事情，就像索罗斯跟我讲的社会责任，所以我想我们公司要在网络领域中，对社会、对纳税承担责任。我希望阿里巴巴企业对企业的电子商务公司能够把握机会，也是我们应该承担的责任。2007年的"西湖论剑"要围绕这个主题，呼吁全中国、全世界的互联网公司，为了下一代的幸福而努力。

2007年，除了引进人才，创造良好的机制进行资本运作，扩大我们整个公司的影响力和收入以外，我将会与高层团队和在座的很多人一起为阿里巴巴制定一部基本法。我们要走102年，就必须要有一个"宪法"。公司什么能做，什么不能做，该做什么，现在很少有企业考虑这些问题。但是一家公司要走得久，走得长，从人才、机制、环境各方面，我们都需要建立这样的一个体系，2007年我们要启动阿里巴巴基本法的建设。

最后我想讲，如果我们不把握公司未来三年，我们将后悔一辈子，2007年、2008年、2009年我们会面临很多的竞争，而要在竞争中取胜，就要相信我们坚持的战略。

第十三章 **C** 谈创新发展：
HAPTER THIRTEEN

做出别人不能模仿的味道

◎ 创新不是设计出来的

❝与众不同不是我做出来的，而是我的本能。❞

马云

2013年5月，马云被胡润研究院评为"2013年中国十大创新企业家"，并且高居榜首。同时上榜的还有马化腾、任正非、王健林、俞敏洪、李彦宏、魏建军、史玉柱、陈鸿道和张勇其他九位企业家。胡润研究院对他的评价是："引领了中国的电子商务行业。"在胡润研究院推出的中国品牌榜百强名单中，马云是唯一一个创造了三个品牌上榜的，包括淘宝、天猫和支付宝。马云家族以150亿元财富位列2012胡润百富榜第46位。

在业界，马云被称为一个不走寻常路的特立独行的人，他独到的眼光和出色的创新能力，让他精准地掐住市场的脉搏，永远使人们望其项背。

然而在马云看来，他一次次的创新经历也是被"逼"出来的。

2011年3月马云参加了一场名为"创新的源泉"的演讲，马云坦言无法给出创新的定律，他坦言创新不是设计出来的。并经常自嘲是"盲人骑瞎虎"：自己眼睛是瞎的，骑着的老虎也是瞎眼的，一路颠簸到现在。他的创业成功无外乎是因为在当时答对了每个单选题。他从不使用咨询公司，也很少理会学者的说法，因为所谓的理论都是事后归纳出来的。创新绝对不是提前就设计好，按图索骥地一步步走下来。创新没有理论，也没有公式，就是一个个地解决问题。他相信，天下有1000个问题，就有1000个回答。

"从一开始，我们就定下了通过电子商务帮助小企业的战略，今天看来这是成功的。如果你要问我，阿里巴巴怎么这么厉害，怎么这么早就预测到电子商务？我要告诉你，其实当时我们没有其他路可走。当时的网络经济模式只有三种：做门户网站，没钱没资源；游戏网站，我不想要小孩子们泡在游戏里；所以我们只能做电子商务。支付宝，现在看来也是一个很成功的创新，但在我这里，也是被'逼'出来的。"

"支付宝的模式其实也谈不上创新，甚至很愚蠢，就是'中介担保'。你买一个包，我不相信你，钱不敢汇过去，就把钱放在支付宝里面。收到包后，满意了中介就把钱汇过去，不满意就通知中介把钱退回去。和学者们谈到这种想法时，他们说：'太愚蠢了，这个东西几百年以前就有。早就淘汰了，你干吗还要做？'但是我们不想去创造一种新的商业模式，只不过是为了解决很现实的问题，至于它在技术上有没有创新，那不是我们关心的话题。经过几年的盲人骑瞎虎，到今天为止，支付宝的用户已经突破5.6亿人。我从来不谈模式的创新，因为我无法在我旗下每个公司创业第一天就规划给它成型的样式。我觉得我们的模式是'需求'出来的——根据客户需要来调整自己，甚至他要什么，我们就调整成怎样。很多人说我很聪明，计划得很好，但我不是计划好的，只是看好方向，然后走下来。"谈起创新，马云诚恳地说。

一个企业的发展史实际上就是一个由无数个大大小小、连绵不断的创新构成的，任何时候只要企业不断坚持创新，那么它就一定会在市场竞争中保持旺盛的生命力，反之就会陷入徘徊不前，有被对手反超并挤出市场的可能。只有创新，只有进行了思想上，管理上和技术上的创新后才有可能持续保持自己的竞争力。

中关村是实现梦想的摇篮，在这里，一个个普通人正通过创新与奋斗、不懈与坚持，实现着梦想、改变着命运。他们中间有的人完成了从平凡到超凡的蜕变。在2013年3月《福布斯》发布的"中国30位30岁以下创业者"榜单上，其中有10位来自中关村。施凯文便是其中的一位。

30岁的他已经第三次创业，而三次创业都是一个目的——音乐。从4岁开始学习古典钢琴、16岁就考入中央音乐学院的他对音乐有着深厚的感情。

"当时的音乐网站同质化太严重了，我想做一个非同质化的东西。"施凯文说，"有一天在家听音乐，突然想听点劲爆的电子音乐，但是iTunes里面的歌曲并没有这么细分的流派，如果有一个东西可以播放我想听的某种风格的音乐该多好。"这个念头成为了Jing.fm最初的想法。

打开Jing.fm时，新鲜感扑面而来，没有"华语"、"摇滚"、"流行"等标签化的分类，主屏幕简化到一张专辑封面加四个按钮，在下方的输入框里，可以找到"温暖"、"扫弦"、"午后"甚至"回忆"等千奇百怪的标签。

Jing.fm的理念很新颖，体验很独特，施凯文对于它的未来充满了信心，"Jing是独一份的，想要模仿和超越是非常困难的。当懂音乐的人做出同样的产品的时候，我们已经跑到更前面去了。我一直期望能在音乐领域做出一些创新，能给这个行业带来一些改变。现在我只是很单纯地想把更多的音乐以最低的门槛带到每一个人身边。"

正是这份对音乐不变的热爱和追求，让施凯文不断地去超越自己。

创新是一个企业生存和发展的灵魂。对于一个企业而言，创新可以包括很多方面：技术创新，体制创新，思想创新……简单来说，技术创新可以提高生产效率，降低生产成本；体制创新可以使企业的日常运作更有秩序，便于管理，同时也可以摆脱一些旧的体制的弊端，如信息传递不畅通；思想创新是相对比较重要的一个方面，领导者思想创新能够保障企业沿着正确的方向发展，员工思想创新可以增强企业的凝聚力，发挥员工的创造性，为企业带来更大的效益。

马云微语录

"阿里巴巴是不能复制的。你拷贝不了阿里巴巴犯的错误之后的经验和团队。你拷贝不了马云东想西想。但不是说，中国只有阿里巴巴一个电子商务。将来可能有100、200、1000个电子商务公司诞生。你可以做一个人跟我长得一样丑，但是里面不一样。所以我想，在中国电子商务市场上，我希望有更多的网站去创新去开拓。"

◎ 希望员工像姜大牙一样

" 如果我失去了创造性的思维，那我这个人就一点价值也没有了。**"**

马云

创新思维的基因决定了一个人具有什么样的创新特质。直觉思维和超传思维形成了马云创造力的"思想基因"，坦诚品格和坚韧精神形成了马云创造力的"人格基因"，这些创新"基因"的动态的排列组合，创造了一个独一无二和难以模仿的马云。

小时候，地理老师在课堂上讲述了自己在西湖边上，几个外国游客向她问路以及杭州的旅游景点的故事。由于了解地理知识，她用英文与外国朋友对答如流，让外国朋友非常高兴，连声称赞。地理老师勉励学生多给国人挣光。而听在马云耳朵里，受到的直觉联想和启发是，必须学好英语，将来会大有前途。

马云在大学任教时，从自身工作经历中，他发现了社会对英语人才和翻译业务的巨大需求，预言这将是以后一个很大的潜在市场，早在1992年他就成立了杭州第一家专业的翻译社——海博翻译社，如今已经成为杭州最大的专业翻译机构。

1999年，在全世界的互联网企业都克隆美国模式，均把大企业作为电子商务服务的对象时，他突然蹦出一个想法，亚洲要有自己的模式，中国要有自己的模式，他以一个渔夫的"超传思维"，决定创办一种中国没有，美国也找不到的模式，决定办一个为80%的中小企业服务的公司，就是阿里巴巴。把中国大量的中小型出口加工企业的供货信息，以会员形式免费向全球发布。

由于阿里巴巴准确地抓住了商业的焦点：让买与卖变得简单易用，所以会员纷至沓来。事实也证明了阿里巴巴符合亚洲，特别是符合中国发展特点的

B2B模式，并被誉为是继雅虎门户网站模式、亚马逊B2C模式和eBay的C2C模式之后，互联网的第四种模式。阿里巴巴独创的商业模式还被列入哈佛大学商学院MBA的教学案例。

创新是电子商务与生俱来的本质，如何在基本的电子商务模式的基础上进行创新，创造出适合自己企业特殊情况的新型商务模式，是网络经济环境下电子商务从未遇到的新挑战，马云和他的创业团队正是运用创造性思维，通过不断地创新来实现电子商务的良性发展的。

事实上，阿里巴巴在创新方面一直做得很好。阿里巴巴B2B公司CEO卫哲谈到创新时这样说道："阿里巴巴创新全部来自于客户，我们不做客户不喜欢的创新，我们的创新在于解决客户的问题。包括马总，所有的高管，无论工作多忙，我们都会去走访客户。"

与银行合作，推出面向中小企业主和个体户的小额贷款，是马云的又一次创举。这次史无前例的创新，其影响是深远的，意义是重大的。它让中国网民认识到，网络信用一样可以转化为银行信用。

被人们视为"异端"、"另类"的"汽车疯子"李书福，曾经说过这样的话："别人没做，我们更应该做。即使无力回天，也可留下一个时间上的思考。世界上任何一个能够做大、做强、做好的企业不可能用别人的品牌。我不反对'挪威的森林'，但更好的是，我们要在自己的土地上长出雄伟粗壮的白桦林！"

你要想使自己的企业能够实现"基业长青"，在竞争中立于不败之地，就应培养和运用创造性思维。具体如下：

1. 问题不只有一个正确答案

工作中的大多数问题并非只有一个正确答案，而是有很多，我们应该努力去寻找第二个、第三个……往往，第二个或第十个才是解决问题的真正有效的方法。

在解决问题时，要多问几个为什么，做到"刨根问底"，这样才能使问题得到根本的解决，尽可能地消除隐患。

2. 敢于犯错误

人们在现实中都追求正确、反对错误，可是这种观念却不适合创新思维。

对于创造性思考来说，如果你强烈地认同"犯错是一件坏事"，那么你的思维就会受到限制。犯错是创造性思考必要的副产品，所有的思考技巧都会产生不正确的答案，但那是唯一的路。错误可以成为成功的垫脚石，是因为错误可以告诉我们什么时候该改变方向了。我们能从失败中、错误中获得经验教训以及新的希望。

3．敢为天下先

马云对中小企业进行了详细的调查，他发现，中小企业商人头脑精明、生命力强，相当务实，他们才不管黑猫白猫，能让他抓住老鼠的猫就是好猫。如果把企业也分成富人穷人，那么互联网就是穷人的世界。因为大企业有自己专门的信息渠道，有巨额广告费，小企业什么都没有，他们才是最需要互联网的人。而马云就是要领导穷人起来"闹革命"。

4．与时俱进，不断创造

企业作为一个经营运作体，靠获得利润来维持发展，每一家公司都需要用全新的眼光关注这个世界的动态变化，以便采取相应的措施，谋求拓展。只有不断地创新，公司才能跟得上时代的步伐，才能得到发展。

在全球化形势下，挑战与机遇并存。新创业者不自觉地会模仿一些大公司的做法，这种只模仿不超越的心态会让自己变成一只绵羊，早晚会被狼吃掉。创业，就意味着你要有创造性的做事方式。创业者必须从从自身所处的环境出发，眼观六路，耳听八方，真正摸索出一条属于自己的道路。

马云微语录

"《历史的天空》这部电视剧的主人公姜大牙一开始几乎是个土匪，但是通过不断学习、实践，不仅学会了游击战、大规模作战、机械化作战，而且还融入了自己的创新，最终成为一个百战百胜的将军。阿里巴巴也希望员工像姜大牙一样，不断改造，不断学习，还要不断创新，这样企业才能持续成长。"

◎ 企业不一定要转型，一定要升级

> **"** 不一定每个企业都需要转型，但是每个企业都要升级，你只有自己的眼界升级了，你的管理升级，你的员工素质升级，领导干部升级了，你自然而然会选择守住原来的路还是转型到其他路。**"**
>
> 马云

石油大王洛克菲勒说过："如果你想成功，你应该辟出新路，而不要沿着过去成功的老路走。"

创新有多种形式，不仅仅是指企业自身开辟的一条前人所从未走过的道路，也包括尝试走别人已经走过的旧路。开辟新道路通常会遇到更多的障碍，耗费更多的物力与财力，可能还要面临更大的风险。看清眼前要走的路，特别是留意别人怎样走同样的路，找到适合自己的新思路、新方法，也是一种创新——创造性模仿。

创造性模仿不是人云亦云，而是超越和再创造。现在有许多企业纷纷以世界500强的大公司作为自身的标杆和模仿的对象。

但是我们必须看到，每个企业都有自己独特的地域条件和产品特点，刻意模仿，往往是邯郸学步，最后连自己原有的步伐也忘记了，得不偿失。

2007年索尼公司前常务董事天外伺朗在《绩效主义毁了索尼》的文章中论述了索尼精神到底是什么——是那种对质量、对创新的不懈追求，是精益求精的精神。这种精神体现在很多方面，在早期的索尼，围绕着这些价值观形成了一些独特的KPI和做法，这些做法又对价值观实现了正激励。这些价值观和文化中，还存在说不清道不明的，有东方特色的东西。但后来引入美国式绩效评估后，完全以数字驱动，以结果导向，以冷冰冰的制度取代了那种对创新的鼓励，索尼精神就逐渐淡化消失掉了。现在的索尼，虽然仍有自己的特色，但比起早年的索尼，已经"泯然众人矣"。这不能不说，那种不管三七二十一而照搬过来的所谓先进实践，可能是一种毒药，它杀死的，是那些真正有核心生命力的东西。

模仿的目的是为了发展自身。企业要找到适合自己的发展之路，就必须摆脱邯郸学步式的简单模仿，要做适合自己的，即使是同样的东西，也要做出自己的风格，独树一帜。只有这样，才能在激烈的市场竞争中立于不败之地。所以我们必须在学习模仿中创新。我们来看看三星电子是怎样通过对电子巨头索尼进行创造性模仿，而一步步成长壮大起来的。

作为全球消费电子领域的一匹黑马，三星公司的成长并非一帆风顺。公司刚刚建立时，生产的是仿造产品，而其中许多都是以日本著名电子企业的产品为基础的。1970年，三星公司还在为日本的三洋公司打工，制造廉价的12英寸黑白电视机。到1978年，三星公司便成了世界上最大的黑白电视机制造商。1979年，它与另外一家日本电子设备制造公司——夏普公司建立了合作关系，由此开始生产微波炉。1986年，三星公司不但能够向日本出口产品，而且还将产品出口到欧洲和美国。这时，它已成为世界上最大的微波炉生产商。1990年，三星公司凭借其开发的16MDRAM芯片，在世界半导体制造商中排名第13位。

在进行了几年技术模仿后，三星公司意识到进步的唯一途径是从技术的跟随者上升为技术的领导者，而这只有通过在所从事的每个领域内进行创新才可以做到。于是，三星公司开始强调变革和创新。总裁李健熙甚至亲自向日本、美国公司的工程师就一些技术细节问题虚心求教。

经过30多年的积累，三星公司已经由丑小鸭变成名副其实的白天鹅。现在的三星公司不仅是国际一流的跨国公司，而且还成就了"变革之王"的神话。

三星公司通过模仿，将竞争对手的方法、经验内化为企业自身发展的资源，从而用最短的时间超越了竞争对手。

创新不是要否定模仿，"站在巨人的肩膀上可以看得更远"；模仿也不是没有创新，从某种意义上说，"成功的模仿就是一种自我创新"。

创新之初把成功者作为标杆是有很大的积极意义的，这也是弱小者成功的普遍规律，但不能一味模仿而不求突破。要想创新，必须走出自己的路来。老跟在别人后面学，最终只能落下"山寨"之名。模仿是手段，创造才是目的，千万不可本末倒置。只有根据自己的个性设计一条成功的路线和方法，实现创造性的模仿，才能在激烈的市场竞争中生存和发展。

马云微语录

> "升级我们的能力，升级我们的视野、扩开我们的胸怀，这比转型更重要，我相信只要升级好，转型是一个自然的结果，为转型而转型，很多企业会死得很惨。"

◎ 独特的"控制"哲学

> ❝ 如果你发现所有的人是因为你控股而跟着你，那是没有意义的，因为这只是一批乌合之众跟着你。❞
>
> 马云

对于如何控制一家公司，最直接最有效的办法莫过于控股。马云对这种创业者惯用的方法并不赞赏，他有着一套自己的控制哲学。在公司的建设过程中，马云不让任何一个人、任何一个机构、任何一个投资者来控制这个公司，而是以科学合理的方法管理。

马云说在阿里巴巴公司，人们之所以去听谁的，不是因为这个人是CEO，是什么长什么主任，而是因为他说的对。这就要求一个企业领袖要有过人的智慧、胸怀和眼光来驾驭企业，而不是手中有多少股票。

"就我手中的股份，我是不足于驾驭阿里巴巴的，因为我并没有控股，我拥有的股份大概也只有10％左右的比例。"马云说，"从第一天开始，我就没想过用控股的方式控制阿里巴巴。事实上，我们也不允许任何一个股东或者任何一方投资者控制这个公司。我觉得这个公司需要把股权分散，管理和控制一家公司是靠智慧。"马云说，从第一天开始，他就没想过用控股的方式控制，也不想以自己一个人去控制别人，这个公司需要把股权分散，这样，其他股东和员工才更有信心和干劲。

一年365天马云大部分时间都在国内外四处跑。他说，读千卷书还要行万里路。一个企业家老是窝在家里，他就会自大，就会狭隘，这对他的事业发展是十分不利的。一个没有智慧的控股者，其实并没有"管"住他的企业。

在公司管理的过程中，要想真正领导这个团队就必须要有独到眼光，必须比人家看得远、胸怀比人家大。

在阿里巴巴，马云手中拥有的阿里巴巴股份从不多的10％左右的比例变成后来的5％，从股权上是不足以驾驭整个公司的。但是他在公司拥有绝对权威。他的每一个决定、对公司做出的每一步调整，都显示了他强大的控制哲学。

目前，国内有太多企业因为强调控股权与控制权，最终陷入利益争斗，影响了公司发展。事实上，马云也有过这方面的教训。在经营"中国黄页"的时候，曾与杭州电信合作。其中，杭州电信控股70％，以马云为首的创始人团队持股30％。由于股权决定了话语权，马云的很多想法因为对方的反对都无法付诸实践。导致"中国黄页"停滞不前。创立阿里巴巴后，为避免重蹈覆辙，马云在第一次全体员工大会上就强调了自己不控股，不控制企业的理念。

可以看到许多著名的企业家，他们在公司的控股权都非常低，然而他们的领导力却是没有争议的。如比尔·盖茨，他在微软的持股约为10％；华为的任正非，他在华为持股不到1％；雅虎的杨致远，他在雅虎持股不到5％。他们都是依靠自己的智慧进行管理，而非控股权。

一个CEO最后要取得的决定权不是股权，他们的智慧和个人魅力，他们非同一般的理念思想、战略战术才是控制公司最强有力的保证。

马云微语录

"第一天我就不想控股，一个CEO，一个公司的'头'绝对不能用自己的股份来控制这家企业，而是应该用智慧、胸怀、眼光来管理领导这家企业。"

◎ 演讲实录：怕犯错，我们就不会有明天

2008年7月2日马云在集团"湖畔论道"时的讲话

一个优秀的企业不在于如何抓住一次两次发展的机会，而是在于如何躲过一次两次致命的打击。做一个持久发展102年的企业，就需要学会怎么躲过灾难。

历史经验证明，2001年、2002年正因为阿里巴巴及时获得2000万美元的融资，做好了过冬的物资准备，我们才得以迅速回到企业文化建设，明确公司的核心价值观和使命感。等到2003年、2004年经济形势好转，我们借势厚积薄发，迅速发展壮大起来。

去年阿里巴巴集团做出了两个非常关键的决定，将会影响阿里巴巴未来10年、20年甚至30年的发展。

第一，我们把一家公司变成了七家公司，每家子公司都有自己的董事会，开始承担起各自的职责。当大家回味当初的变化过程就会发现，刚开始做决定很痛苦，集团原有的权力被下放，变成支持部门。但如果不把手指头切割开来，我们就没有办法持续培养人才，那么今天我们可能早就迷失方向，不知道自己要做什么了。

事实证明，这个决定在组织层面上保障了我们在日益严峻的国内外形势下化险为夷，至今没有遭遇到任何大的灾难。

第二，我们去年抓紧时间上市，赶在最后一班列车关门前，完成了战略储备方案。从整个世界经济形势来看，至少在未来两三年内，我们要做好过冬的准备。与2001年互联网冬天有所不同，这次我们面临的是世界范围内整个经济的冬天，而且这个严冬将会很漫长。但我们很幸运，及时的战略储备保证我们现在棉袄很厚，人才不少。

在经济萧条的时候，同样诞生过很多优秀的公司。过冬就是要强身健体练筋骨，为此集团做出这样的策略：在未来两三年内，我们要回到原地，回到客户第

一，员工第二，股东第三的基本面。我坚信凭借中国经济的实力，三年以后宏观经济将会复苏。但是到时候如果我们没有练好内功，就会持续处被动状态。

为了应对日益严峻的宏观经济形势，努力缓解外部环境的压力，我们调整未来10年的战略目标，积极做好过冬战略储备。但是阿里巴巴在9年时间里，从最初18个人迅猛发展到今天的一万人，公司内部不可避免地面临着巨大的挑战。我们要用什么样的文化，什么样的组织建设，什么样的人才，值得每一个阿里巴巴员工用心思考。

首先是文化的挑战。公司在加速发展过程中，需要注入越来越多的新鲜血液。与此同时，内部融合过程中出现了新老员工的文化撞击。这种磨合，在每个企业都普遍存在，但我们必须正视问题，应对挑战。

其次是组织的挑战。今天我们的组织挑战非常之大，我们从一家公司变成了七家公司。但请记住，世界上没有最优秀的组织，只有最适合阿里巴巴发展的组织。

我们提出拥抱变化，是因为阿里巴巴的经历和全世界其他所有优秀公司的经历，基本上都是从错误中走过来的。今天我们公司有一万人，有些错误是不能犯的，但是万一犯了错误的时候，大家也要互相理解和沟通。因此我希望所有新老阿里人都学会以包容的心态面对变化。

最后是人才的挑战。阿里巴巴这两三年招人，所犯的错误要比以前小很多，但大家总觉得新招的人越来越不如以前的合适。其实问题不在于人才本身，而是我们比以前强大了，也比以前复杂了，我们新人需要更长的磨合期来适应这些变化。

从公司成立这天开始，新老文化的问题，组织变化的问题，新人老人的问题都会存在的。

但是面对这些挑战，请大家都用欣赏、快乐、好奇的心态去看待，我们是目前唯一一家中国本土成长起来，并参与世界竞争的互联网公司。在这家公司里面，我们所面临的文化、组织、人才挑战肯定是前所未有的，而这段痛苦的经历，将来一定会被学者们编成教材出版，一定会变成很多人的回忆录出版。等到阿里巴巴集团有十五万员工的时候，这些将是我们最值得珍惜的财富。

……

我们的阿里巴巴要想走向创新，相对来讲很重要的一点就是我们这些人不要怕犯错误。怕犯错误，我们就不会有明天了。

第十四章 C 谈企业的DNA：
HAPTER FOURTEEN

打造一万人的believe，让
企业稳走102年

◎ 给大家做梦的机会

> "使命、价值观、目标是任何一个企业，任何一个组织机构一定要有的东西。如果没有这三样东西，你走不长，走不远，长不大。"
>
> 马云

使命感、价值观、目标是企业发展壮大的三驾马车。什么是企业的使命感？它指的是由企业所肩负的使命而产生的一种经营原动力。使命感源于对一种使命的坚持，是因坚持使命、履行使命而产生的精神动力。使命给了人们做事情的方向与动力，确定使命之后，要建立一种使命感，使公司决策、经营战略等都围绕着使命展开，这样的公司会很成功。而如果迷失了方向，企业就会在毫无作为中耗尽自己的精力，走上一条不归之路。

谈到企业的使命感，马云指出，100多年前，奇异（GE）创业的时候确立了使命感：要让世界亮起来。于是，所有员工都为同一个目标努力，做出了世界上最好的电灯泡。迪士尼建立的目的是要让全世界的人开心，它旗下的电影公司出品的影片口碑甚佳。阿里巴巴的使命则是"让天下没有难做的生意"。为了不让使命感变成空话，阿里巴巴公司制定了严格的考核方案，促使服务、产品、制度都围绕这个使命去做。任何事物违背了使命，都必须去除。

企业的使命感和价值观密切相连。企业的价值观是指企业决策者对企业性质、目标、经营方式的取向作出的选择，是员工所接受的共同观念，是长期积淀的产物，是把所有员工联系在一起的纽带。

对于任何一个企业而言，只有当企业内绝大部分员工的个人价值观趋同时，整个企业的价值观才可能形成，企业的使命感才能被激发。

依靠共同的使命感和价值观，员工可以长期共事，可以朝同一个方向前进。这个方向就是目标。

2004年，阿里巴巴重新确定公司目标：第一是将来要做持续发展80年的公司，第二是要成为全球十大网站之一，第三就是只要是商人，一定要用阿里巴巴。同年，即在阿里巴巴5周年庆典的时候，马云又提出了一个新的目标：阿里巴巴要做102年的公司。

2009年，在阿里巴巴10周年庆典的时候，马云提出的目标是：第一，阿里巴巴要成为全球1000万家中小企业生存发展的平台；第二，为全球1亿人提供就业机会；第三，为全球10亿人提供物美价廉的消费平台。

通过这样一个个目标，马云成功燃烧了员工的热情和激情，将员工团结在同一个目标之下，并赋予其使命感——"创办一个伟大的公司，靠的不是一个Leader，而是每一个员工。我不承诺你们一定能发财、升官，我只能说你们将在这个公司里遭受很多磨难、委屈，但在经历这一切以后，你就会知道什么是成长，以及怎样才可以打造伟大、坚强、勇敢的公司。"

为了实现这一使命，阿里巴巴的建立了热情、透明而又简单的文化，在实践中不遗余力地落实自己的目标。

所以，与其说马云是一个企业家，不如说他是一个伟大理想的布道者，是一个善于为大家造梦的人。他永远在做梦，也没忘了不断给大家做梦的机会。对于一个企业来讲，一个不断给大家做梦机会的企业家，他的员工也会给他实现这些梦想的机会。

马云微语录

"宋朝的梁山好汉108将，如果他们没有价值观，在梁山上打起来还真麻烦。他们有一个共同的价值观就是江湖义气，无论发生什么事都是兄弟。这样的价值观让他们团结在一起。108将的使命就是替天行道。但是他们没有一个共同的目标，导致后来崩溃掉。所以一定要重视目标、使命和价值观。"

◎ 阿里巴巴也要搞一搞整风

“'要做80年的企业，要成为世界十大网站之一，只要是商人一定要用阿里巴巴。'这是我们的目标。全公司所有的员工，如果你不认同这个目标请你离开，如果你认为不可能实现，你也离开。”

马云

在互联网最艰难的时候，是什么让阿里巴巴活下来？是什么让阿里巴巴走到现在？

就是价值观，公司要有一个统一的核心价值观。价值观可以让来自五湖四海，有着不同的文化的人团结在一起。

马云告诉所有的员工，要坚持9条：第一条就是团队精神，第二条是教学相长，然后是质量、简易、激情、开放、创新、专注、服务与尊重，这9条是阿里巴巴最值钱的东西。

为了将企业的价值观树立起来，在第一届"西湖论剑"之后，马云效仿毛泽东当年所开展的整风运动，在阿里巴巴公司内部也开展了一次"整风运动"。

"我们整风是因为互联网发生了巨大的变化。每一个人对互联网的看法不一样，对阿里巴巴的看法不一样。如果说有50个傻瓜为你工作的时候，是一件很开心的事情。困难的是每个人都认为自己聪明，当时阿里巴巴在美国有很多的知名企业管理者到我们公司做副总裁，各有己见，50个人方向不一致肯定会不行的。所以当年觉得，这是最大的痛。简直那时候像动物园一样，有些人特别能说，有些人不爱讲话。所以我们公司这样，我们觉得整风运动最重的是要确定阿里巴巴的共同目标，确定我们的价值观。"

企业核心价值观是企业精神的灵魂，保证员工向统一目标前进。企业价值观能产生凝聚力，激励员工释放潜能。企业的活力是企业整体力（合力）作用的结果。企业合力越强，所引发的活力越强。阿里巴巴通过"整风运动"把那些与没有共同价值观，没有共同使命感的人，统统清除出公司，统一了整个管理层的思想、整个公司的方向以及公司的团队、产品和经营模式。

任何一个企业都有选用人才的原则，最基本的原则就是看员工是否认同并尊重公司的价值观，如果价值观相悖，即使这个人再有才华，对企业的发展来说都是有害无益的。

收购雅虎中国之后，整合问题又摆在马云面前。这次马云非常果断，"什么都可以谈，只有价值观不能谈判"，这是马云收购雅虎中国时的核心原则。一家公司一旦扩张到500人以上，仅仅靠财务、人事上的管理很难继续成长，必须借助统一的价值观聚集人心，马云深谙这样的道理。

马云表示，违背价值观的员工一定要开掉的，不管他是谁，而且这是一个天条。对于违背阿里巴巴价值观的该供应商一律清除。

在2011年"3·15"来临前夕，阿里巴巴又突然发动了一场自我"整风运动"。

"过去的一个多月，我很痛苦、很纠结、很愤怒……"马云在内部邮件中如此表示，称公司要"刮骨疗毒"。让马云感到"痛苦"、"愤怒"的是，阿里巴巴调查发现，其香港上市公司去年存在数量逾千名的"中国供应商"客户涉嫌欺诈。马云认为这突破了阿里巴巴价值观的底线。

"中国供应商"是阿里巴巴B2B业务的主要收费平台之一，主攻外贸，加入"中国供应商"的客户可以更好地获取外贸商机，但须为此支付年费。阿里巴巴网络有限公司发现，从2009年底开始，针对平台客户的欺诈投诉有上升趋势，公司于是决定从2011年1月中旬发起一项独立调查，结果显示，部分销售人员为追求高业绩，故意纵容或疏忽允许部分外部分子进入阿里巴巴会员体系，有组织地进行诈骗。"令人震惊的是，有迹象表明直销团队的一些员工默许甚至参与协助这些骗子公司加入阿里巴巴平台。"马云的邮件如此形容。

阿里巴巴集团组成调查小组，经过近一个月的调查取证，查出2009年、2010年两年间分别有1219家和1107家的"中国供应商"客户涉嫌欺诈。同时查实确有近百名为了追求高业绩、高收入，明知是骗子客户而与对方签约的直销员工。涉嫌欺诈的全部"中国供应商"客户已全部做关闭处理，并已经提交司法机关参与调查。而所有直接或间接参与的员工都将为此承担责任，B2B管理层承担了主要责任。

企业核心价值观是企业最具价值的无形资产，并且在不断地创造新的价值。企业核心价值观是企业文化的"核动力"源，其能量渗透到企业的目标、战略、政策、日常管理及一切活动中，反映到每个部门、每个职工、每个产品上，也辐射到企业的外部。随着社会的发展，只有与时俱进，不断构建适应时代需要的新的企业核心价值观，才能使企业立于不败之地。

马云微语录

"我们不是一家不会犯错误的公司，我们可能经常在未来判断上犯错误，但绝对不能犯原则妥协上的错误。如果今天我们没有面对现实、勇于担当和刮骨疗伤的勇气，阿里将不再是阿里，坚持102年的梦想和使命就成了一句空话和笑话！"

◎ 一定要让员工"爽"

> " 我们阿里巴巴的LOGO是一张笑脸。我希望每一个员工都是笑脸。"
>
> 马云

工作的目的是通过工作有成就感，而绝不仅仅是生存。马云认为，员工工作的目的包括一份满意的薪水、快乐地工作和一个好的工作环境。其中最重要的就是在企业中能快乐地工作。"让员工快乐工作是好雇主应该做的事情，总之一定要让员工'爽'。在阿里巴巴，员工可以穿旱冰鞋上班，也可以随时来我办公室。"

"2005年CCTV中国年度雇主调查"活动早已揭晓，以阿里巴巴为首的10家员工"快乐工作"指数高的企业被选为最佳雇主。

"最佳雇主"的概念体现了一个企业整体人力资源管理的水平，最佳雇主品牌的打造是企业人才竞争力的体现，也是持续性增长、保持竞争力的最重要的策略。

马云曾不止一次在讲话中强调，阿里巴巴最大的财富就是阿里人。马云说："优秀的团队不在于拥有多少个MBA，而是你的这个团队快乐与否。我希望我的团队都是像疯子一样去工作，虽然很辛苦，但是会很快乐，因为他们在做自己喜欢的事情。这个很重要。"

员工如果工作的时候不快乐，无论他能力有多大都不会有好的效果。如果能让员工感受到工作的乐趣，他们能从快乐中迸发热情和灵感，工作效率就会大大提高。另外公司的目标也自然水到渠成，这就是"共赢机制"。如何激励员工，让员工在一个快乐的气氛中，而不是每天板着脸工作，无疑是领导者的重要使命。

阿里巴巴倡导的是"Work with fun"（快乐工作）的氛围，越是艰苦工作，越要用快乐的心情去面对。

在马云看来，企业要想留住进取心强的员工，最根本之处就在于，让员工能够快乐工作。小米科技CEO雷军在接受媒体采访时表示，向马云同志学习，强调快乐工作，拼命生活。

阿里巴巴集团，是一个张扬个性、崇尚快乐的企业。而作为阿里巴巴的创始人，马云本身就是一个极富传奇色彩和独特个性的人。他说，人有一样东西是平等的，就是一天都有24小时。不快乐地工作就是对自己不负责任。他希望阿里巴巴能够成为青年人创业、成长、发展的最佳平台，培养出"四大天王，八大金刚，四十罗汉，一百零八太保"，每个人都可以独当一面。

阿里巴巴有支非常出色的设计师创意团队，但是设计师们的工作很沉闷，整天对着电脑重复劳动。阿里巴巴员工关系部就此推行了"UI联盟设计大赛"，让他们发挥创意，设计校园招聘海报、圣诞贺卡、新年电子拜年卡进行比赛。优胜作品不但被公司采纳，还能制作在员工制服上。这种活动不是靠花钱吸引员工参与，而是令参加比赛的员工感受到一种荣耀和认同。

阿里巴巴的办公环境，说得上五彩缤纷。主色调是橙色，"因为这是温暖而快乐的颜色，精彩纷'橙'是阿里人的文化符号"。整个阿里巴巴没有空白墙，都被员工设计成了各种颜色的"文化墙"，卫生间也不放过。

淘宝进门处有个"淘宝小店"，卖的是带有淘宝小蚂蚁标记的各种商品，钥匙扣、雨伞、玩偶，应有尽有，员工能以员工价购买。这些小东西，也是受员工追捧的奖品。每年的年会上，阿里巴巴还会为工作满5年的员工颁奖，奖品是一枚刻有阿里标记和员工名字的白金戒指。这些小细节花费不多，却给员工带来了不少快乐和成就感。

如果说上述只是一些形式的创新，那么，在软环境方面，公司倡导了一种有话能讲、有意见能发表、心声能被听到的气氛。员工可以在互联网平台上进行互动，类似BBS的方式，畅所欲言。面对重大管理问题，员工可以通过"Open"邮箱和集团高管进行直接沟通。阿里巴巴的员工还民间自发形成了"阿里十派"，"阿里十派"，原来指的是阿里巴巴的十个员工俱乐部，如足球派、电影派、摄影派、宠物派，杀人派等，现在已发展到十六七个"派"。员工们各显神通，在内网上发展会员、组织活动。活动的照片，就在各种文化墙上展示。淘宝公司还在员工休息处搞了个醒目的"淘宝武林帮派积分榜"，你追我赶，好不热闹。卫生间也被文艺化，女卫生间叫作"听雨轩"，男卫生间叫作"观瀑亭"，每个蹲位还被开发成广告位，由专门部门管理，所有"帮派"可以在卫生间这个人流量最大的地方发通告。

阿里巴巴每年还举办武林大会，K歌比赛、趣味运动会、单身舞会和集体婚礼等活动，充分把快乐的因子渗透到员工工作和生活的方方面面。

当然，阿里人不是为了快乐而快乐，是让员工快乐的同时，帮助公司提高业务绩效。

阿里巴巴的快乐工作的企业文化吸引了很多人才。邓康明就是其中最有代表性的一位。在加盟阿里巴巴之前，邓康明一直与世界顶级公司联系在一起，他先后在ORACLE中国、微软中国担任人力资源总监一职。2004年当他准备离开微软时，某跨国石油巨头还曾开出了高于微软20%的薪金及携带妻儿赴英留学的条件。而他却选择来到阿里巴巴，拿到的薪水却比微软低了20%。对于这样的选择，邓康明后来说："这是一个有趣有生机的公司。面试时，马云给我递过来的名片上面写着'风清扬'，而我们所聊的话题居然是金庸、武侠，马云一边聊一边把玩着一把剑。我当时就想，这家公司和我以前待过的公司都不一样，这很有意思。"和马云聊完后，邓康明决定留下来。

今天的企业面对着一个社会巨变、潮流奔涌的时代，不同代的员工存异共处，人生观和世界观前所未有的多元化。随着个体权利和愿望得到越来越明确的表达，企业为个人提供的满足感与个人期望之间的距离越来越大，难以衡量的主观快乐由此成为企业家不得不正视的东西。不仅生产令人快乐的产品，还生产令人快乐的企业才是一个成熟的企业。

马云微语录

> "做企业赚钱，赚很多的钱，许多人都这么想，但这不是阿里巴巴的目的。让员工快乐工作成长，让用户得到满意服务，让社会感觉到我们存在的价值，这才是阿里巴巴的社会责任感所在，至于赚钱和社会回报，那是水到渠成的事。"

◎ 一万个believe那是信仰

> " 一个人believe是傻子，一百个人believe是蠢货，一万个人believe那是信仰。"
>
> **马云**

西方的企业管理理念根植于其强大的法治文化，因而非常强调制度的重要性。许多企业向西方学习管理时，往往制定一条又一条的规章制度，恨不得把每个员工从头管到脚。

对于这样的观点，马云不敢苟同。马云认为，制度有其天然的缺陷。首先，没有人愿意在制度的条条框框下干活，制度越多，员工干得越不开心，企业不可能有活力。其次，制度再多，总有制度无法到达的地方，况且，再严密的制度，总能找出规避的办法。在制度之外，如何引导员工如企业所愿地做事，马云认为只有"文化"。他认为中国的企业不缺制度，缺的是制度的贯彻和执行，若是没有很好的企业文化，制度再多，最后还是空的。

在阿里巴巴收购雅虎时，马云曾明确指出："有一样东西是不能讨价还价的，就是企业文化、使命感和价值观。"

马云对阿里巴巴的未来有一个美丽的愿景："到60岁的时候，和现在这帮做阿里巴巴的老家伙们站在桥边上，听到喇叭里说，阿里巴巴今年再度分红，股票继续往前冲，成为全球……那时候的感觉才叫真正成功。"

马云实现这个美丽新世界的杀手锏之一就是阿里巴巴的文化，这种企业文化是一种软实力。

著名经济学家于光远说："国家富强在于经济，经济繁荣在于企业，企业兴旺在于管理，管理优劣在于文化"。

企业文化是外显于企业风貌，内隐于员工心灵，以价值观为核心的一种意识形态。它的导向、凝聚、激励、约束、沟通功能像一只无形的手，调节着企业的运行方式和员工的行为方式，对企业的生存发展起着决定性的作用。它所形成的智力、凝聚力、创造力是一种无形资产，更是一种生产力。先进的企业文化是企业持续发展的精神支柱和动力源泉，是企业提升竞争力的灵魂所在。

哈佛商学院著名教授约翰·科特在《企业文化与经营业绩》一书中提出，企业文化对企业长期经营业绩有着重大的作用，在下个10年内企业文化很可能成为决定企业兴衰的关键因素。马云对此深信不已。

马云说"天下没有人能挖走我的团队。"这句话的底气基于公司牢不可破的文化，"整个文化形成这样的时候，人就很难被挖走了。这就像在一个空气很新鲜的土地上生存的人，你突然把他放在一个污浊的空气里面，工资再高，他过两天还跑回来。"

阿里巴巴把企业文化用润物细无声的方式置于员工的生活和思想里。在阿里巴巴，员工的工作时间没有严格的打卡要求，只要完成工作任务随便什么时候上下班。阿里巴巴每年至少要把五分之一的精力和财力用在改善员工办公环境和员工培养上。这可能就是在人才流动率高居不下的今天，阿里巴巴仍然能控制在3.3%的根本原因。

一个价值观驱动的企业，最大的挑战来自快速发展过程中价值观的传承。2000年底，马云在当时的COO关明生的帮助下，建立了阿里巴巴的九大价值观体系，提炼后成为众所周知的"六脉神剑"，即客户第一：客户是衣食父母；团队合作：共享共担，平凡人做非凡事；拥抱变化：迎接变化，勇于创新；诚信：诚实正直，言行坦荡；激情：乐观向上，永不放弃；敬业：专业执着，精益求精。再加上"让天下没有难做的生意"的使命和做一个百年的伟大公司。阿里巴巴的内在驱动力逐渐搭建完成。此后的马云带领阿里巴巴闯过无数险关。

2008年，他在湖畔学院讲话时说："诱惑面前挡不挡得住考验，灾难面前挡不挡得住考验，这是对价值观的考验。价值观好不好？好，诱惑面前干还是不干？压力面前你还来不来？只有经过这个才真正叫价值观。

"我们不要讨厌这个process（过程），你们既然加入这个公司就

believe（相信），在这个地方唱的经和念的佛就是六大价值观、使命感，不仅念，还要考核，新进来的员工需要考核，干部更要考核。

"我们今天是9000名员工，我认为10年内阿里巴巴会变成15万名员工，不是一个B2B，整个集团至少15万名员工，至少有一万干部。这一万名怎么招怎么带，怎么把他们的value（价值观）灌进去。10年以后我们要有一万名干部，一万名干部把价值体系灌输给所有员工。

......

"你们是新一班的湖畔人，我们湖畔学院主要是继承这种精神，value、vision，走出去以后你们只能说as crazy as jack, believe it（像马云一样疯狂，信他吧），倒下去没有关系，再来过。没有believe会很痛苦，而且这个believe超过一万人的时候，这个believe会very powerful（非常有力）。"

作为CEO和创始人，本身最大的职责就是企业文化的推广者，就是首席文化官。推广企业文化也是任何创业者和CEO首要任务之一。制订企业文化目标、共同的使命和价值观很容易，最难的地方在于点点滴滴的实施。在企业文化真正由虚而实，关键在于入"心"——进入员工的心，客户的心，消费者的心。

马云微语录

"铁打的营盘流水的兵。员工必须坚持理想、使命感、价值观，一代代地传承下去。像DNA一样，这个公司的人可以老去，但是这个企业的文化必须继承下来，一代代传下去，才能有不断的创新。"

◎ 演讲实录：企业文化没有最好的，只有最合适的

2013年5月7日马云在斯坦福大学的讲话

这世界上没有最优秀的文化，只有最好的，最适合你们这个行业和你们公司这些。人以类聚，物以群分。大家聚集在一起，是气味相投。

我并不认为这世界上有最好的文化，这世界上只有你们诞生出来，就像俩夫妻一样，属于你们两个人最好的东西，这才是最优秀，最合适的。文化是慢慢磨合。我们阿里巴巴的公司希望理想主义者，但是我们希望务实跟理想的结合，光有理想而没有行动，就是空想，光有务实没有理想，那走得太远。

一个公司也一样，如果你招进来的人向往创新的话，会有行动、会有理想，那你们的创新，自然的人以类聚起来，刚开始是铁板一块，有的老板说员工从来不创新，那是因为你从来没有设计。

我们公司可能是全中国最讲究公司文化，我们不是最好的文化，告诉大家我们员工注册数过6万，我们有两万四千员工不到，也就是说有将近三万多名员工已经不在了。我们把你工号留着，感谢你为这公司哪怕付出一个小时的时间，直到今天为止，我不知道人家公司怎么样，今天阿里在外面的员工，我觉得是最漂亮的。

因为我们真的变成很有意思的文化体系。那个时候我们招人很难招，我们2000年初的时候在街上，只要不太残疾的人都招回来了，没人相信互联网，没人相信阿里巴巴，谁相信因特网，中国没有关系做生意，哪来的依靠，所以你怎么招到人？后来好的人都被好的公司请去了，或自己创业去了，没人要的工人在公司，结果他们都成功了，原因是我们喜欢这个文化。

所以公司没有最好的文化，只有最适合你的文化。让你的员工开心，我们

创造的文化就是快乐工作，工作要认真，但也不要太认真，生活要认真一点。一个工作不好的人，他生活一定不好；生活好的人，往往工作不错。所以我希望我们的同事认真地去生活，快乐地工作。工作不快乐，哪来的创新，天天老板盯上你，天天绑在那儿怎么办。马云你是CEO，你说得轻松，不是制度让你这样，而是内心你真相信你这样做，工作和生活一定分不开。

关于IPO：婚礼不重要，婚姻美满才重要

提问："对企业展望的问题，关于阿里巴巴未来是否IPO，如果有这个打算的话，您的时间轴线是什么？"

马云："关于IPO是全世界都知道的问题，我的答案也很简单，IPO对我们来讲不那么吸引人，我们这家公司结过婚，也离过婚，我们的阿里巴巴最初在香港上过市，如果上市是结婚，下市是离婚的话，我们结过婚，离过婚，我们知道什么是婚礼。婚礼是需要时间的。所以我们今天不关心什么时候办婚礼。我们关心的是我们这个婚姻能够多美好，能多持久，能不能给自己、给别人带来快乐，在这方面我们花的时间多一点，所以结婚这个仪式，在哪儿结婚，就像在哪儿办婚礼一样，我们最担心的是结了婚以后，婚姻成了爱情的责任。但是这些问题，我们自己觉得有点疏忽了，我们会争取，我们想感谢所有关心支持我们的人，所有参与阿里巴巴每一天的人，因为只有这样，这个公司才能走得久；只有这样，这个公司才能活得有意义。"

关于用人：我要找到叛逆者

提问："以您的经历来说，在创业前夕和创业中后期，您觉得选人和用人的标准的准则应该是什么？"

马云："其实，创业之前的文化和创业后的文化没有区别的，永远找对你所认同的事情特别感兴趣的人，而不要找最懂的人，尤其在做一个前人没有做过的事情的时候，你要找到愿意学习的人，而不是最懂这方面的人。我们跟谷歌有点不一样，谷歌喜欢世界上一流的人才，我认为世界上不存在一流的人才，世界上如果存在一流的人才一定是那些学习能力强、谦虚，把自己当平凡的人。阿里巴巴喜欢平凡的人，无论昨天、今天、明天，你只要认为你是一个平凡的人，愿意学习，这就是我们要的人才。因为我们做的是前人没做过的事情，大家一起来学习，一起来努力。你有个博士学位很好，这只证明你爸妈给你付了那么多学费，你要10年以后，在社会上打出一条鳄鱼来。我们都犯过这样的错误，有了钱以后，马上找一些顶尖的某某大公司出来的，基本都完。我只有500万美金的时候，有个哥们第一次给我做的商业计划是800万美金的规模，说他从来没有做过1000万以下，这是谁错，是我错了，我们没有找到合适的人。公司大了以后，也千万记住：我希望用的人是民营企业里的正人君子，跨国公司中的叛逆者。跨国公司都是讲流程的，我要找到叛逆者。"

关于竞争：争得你死我活的商战是愚蠢的

提问："您好，我看过一个纪录片，说的是你当年带领淘宝把eBay赶出中国的英雄事迹，现在这件事情已经过去快10年了，我们重新回过头看10年前的鏖战，你觉得淘宝把eBay赶出中国的胜利的秘诀在哪里，扬子江的巨鳄应该怎么打呢？"

马云："第一个问题是关于扬子江的巨鳄，第一不是我们打跑，是他们自己的策略，那场称之为鏖战，我们自己是不知道，比堂吉诃德还可怕，那个目标很大，大概20多亿，我们总共凑起来3000多万人民币，开打。打着打着这不是鏖战，鏖战是两个势均力敌，我们是根本没法打，但是我们把打变成一种乐趣，ebay是被乐趣搞掉的，不是被鏖战打掉的。可能再扛个两三年，我们也被他们扛昏过去了。所以我们是很运气的，eBay突然宣布撤出中国不打了。运气当然是雅虎帮了我们很大忙。今天的反思，eBay和那个关于我那个时候我说我们是长江里的扬子鳄，扬子鳄其实不大，他们是海里的鲨鱼，所以今天我们也没敢到海里跟他们打。今天，在世界上的海里，你只要找到好的方法，蚂蚁是可以把大象搞翻掉的，如果你懂得有办法，赌得好，还是有机会。不要看对方有多少钱，不要看对方企业有多大，搞死对手都是小企业，搞死你企业的，一定是你今天看不见、看不起、看不懂、跟得上的人，你看得见的都不是对手。你要记住：一定要争得你死我活的商战是最愚蠢的。眼睛中全是敌人，外面就全是敌人。竞争的时候不要带仇恨，带仇恨一定失败。竞争乐趣就像下棋一样，你输了，我们再来过，两个棋手不能打架。真正做企业是没有仇人的，心中无敌，天下无敌。"

关于交接：兵权已经在人家手上，就要信任

提问："5月11号之后（马云卸任CEO的那一天），如果您看到阿里巴巴集团路的前方有一个大坑没有井盖，您又觉得可能跨不过去，但是您的下一任CEO觉得可以跨过去，您会提醒他没井盖甚至把他拉回来吗？"

马云："从5月11号的12点以后开始，前面有个坑的话，要跳就跳吧。兵权已经在人家手上，你还抢他的手？你要信任！何为信，何为任，信和任是两个概念，一我信你，我不认你，我任你，以前讲'用人不疑，疑人不用'，现在要讲究'用人要疑，疑人要用'，信任是结合了'用人不疑，疑人不用'和'用人不疑，疑人不用'这四个。我对下一任CEO是信任的，因为我们这个年龄跨不过去，说不定他能跨过去。有人跟我讲，无线没希望，因为字太小。我说，你看着小，年轻人看着很大。年轻人比我们厉害，你东担心，西担心，有大坑的话不要跳，否则你会摔死，你会摔死，年轻人不会摔死。"

关于信贷：我要把投资失败的机会留给自己

提问："现在阿里巴巴也成为现金储量非常大的公司，这些钱怎么用好？能不能也能像巴菲特那样成为用好现金的公司。刚才说的阿里信贷，这可能是用好现金的重要方向，就这个问题想听听您的看法。"

马云："谢谢你的问题。中国有没有巴菲特？巴菲特是时代的奇迹，要想诞生奇迹，是很累的，有的时候是一个结果，我本来没想过当巴菲特，当然也当不了巴菲特。但这是一个好问题，首先我们的钱是哪里来的？我仔细想过，多年前刚创业的时候，我穷得一塌糊涂，我跟太太说，你希望你老公成为中国首富，还是希望成为真正做企业的人，我老婆二话没说，当然要受尊重。那句话对我影响很大，到今天为止，我都没有想过当杭州的首富。什么叫首富？你有100万人民币的时候，100万美金的时候，这个钱是你的，你有幸福感；你有1000万美金，2000万美金的时候，你感到麻烦，怕人民币贬值，美元降值，就投资，结果都失败或者担心失败。这就是不幸福。你有一两个亿，10个亿以上，你觉得钱是你的时候，但这不是你的钱，是别人给你的，是社会给你的，这是对你的信任，你可能干得够好。腾讯也好，阿里也好，谷歌也好，微软也好，他们有那么多现金，是社会相信你们这些人拿的这些钱，投资的效率比别人高，创业的机会比别人大。所以我自己觉得应该多做一些投资，多帮一些别人。怎么干？我还没想好。我投资会失败，人家投资也会失败，为什么这个失败不留给我们，不留给我们自己公司？至于那能不能成为巴菲特，太难了。"

关于成功：从来没成功过，只是我们现在还活着

提问："我在硅谷也是创业，我们对阿里巴巴研究得非常清楚。我问您一个早期创业的问题，最早创业的时候，你们十几个人，也就是让阿里巴巴腾飞的十几人，让它成功的最主要原因是什么？"

马云："第一阿里巴巴最早期从来没成功过，只是我们现在还活着。全世界没有人敢担保你今天是成功的，只是我们在合适的时候做了一些我们认为正确的决定。尽管很多人批评我们说，你们说天下没有难做的事，我们在你们公司上运作并不好。这是两个概念，我不能够让你活好，上帝也做不到。我们只是尽我们最大的努力，围绕我们的使命和价值观。对阿里来讲，到今天为止，我们感恩最多的是我们坚守这些原则和底线，哪怕在最痛苦的时候，我们还是有幸福感的。最幸福的是什么？被人信任，公司里最幸福的就是被人信任，被老板信任、同事信任、客户信任。对阿里来讲，到今天，我们还活着，我们就是守住这个，我最怕失去的就是这个。你要说：'马云，80年以后，或者60年以后，阿里巴巴不行了怎么办？'死就死掉，不行太好了。但是我希望能够在有生之年能够把这个东西做下去。"

关于创业：会舔自己伤口的人才适合当老板

提问（李彦宏）："我跟马云交流机会比较多，他一直就讲，他是老师出身，所以比较适合做老板，教人怎么做，之所以他能退休就是因为他能教出很多能干活的人。我想问一下没做过老师的人怎么做老板？"

马云："第一，我觉得好的老师有几个原则，好学生不是教出来的，是发现的。第二，优秀的老师掌握一个原则——学生要的，就是你应该做的。我们一堂课50分钟我总是提前5分钟下课，学生开心。有的老师很认真，讲了65分钟，其实学生不在乎，早点下课算了。老板在公司里也一样，我以前当员工的时候，我觉得这样的老板很讨厌，我就不做这样的老板。其实员工讨厌特别聪明的老板。当老师很重要的是发觉人的潜力，我们今天老师教的太多的是知识。我认为每个人都是很独特的，一个优秀的老师和优秀领导者一样，是发现那个员工他自己都不知道的才华，并且把它用好。训练的意思是什么呢？这个人特要面子，把他的脸在地上当拖把一样拖来拖去。如果这个人心胸特别狭窄，让他生闷气生3个月。这是你的职责。我不在乎你在我们公司待多久，但是在一天，你就得自己痛苦、自己难受、自己寻找快乐。会舔自己伤口的人才适合当老板。当老板就是一个原则，相信你的员工会超过你。找到会超过你的人，并且把所有人生经历给他。李彦宏也做得不错，如果做得烂的话，怎么会有这么好的百度。其实每个人风格不一样。把搜索引擎搞成这个样子，我是没有这个本事。"

关于挑战：我不想挑战谁而是希望完善别人

提问（马化腾）："我代听众提一个问题。现在听到你很多的想法，比如，用互联网方式开始做金融，从挑战银行业这个角度来看，大家还是觉得胆子挺大的。你用什么底气说这些话？"

马云："第一，我从没觉得要推翻一个金融行业，我觉得中国金融行业的存在到今天为止有特定需求，而且做了很大贡献，但是对未来的金融我觉得我们必须为这一代的人思考，不是为我们有更大利益需求，而且我们有这个责任去思考。我不想挑战谁，从来没有想过，阿里巴巴13年来没有挑战过谁，而是创造谁。在座企业家我们问问自己，你成功是因为你挑战了别人吗？不是，而是你希望完善别人才有今天，挑战别人的人基本上不太久，终有一天会倒下。对我来讲，我的第一职责不是帮助金融机构，帮助金融机构、帮助穷人是政府的事，但是帮助客户、帮助无数淘宝卖家是我的责任，如果我能找到一个方法我就一定走下去。当然，今天银行会紧张，我觉得紧张是好事，不紧张才奇怪呢。就像我看见你微信我也很紧张。紧张是正常的，紧张促进社会进步，所以我觉得假如阿里巴巴集团能够让现有金融体系紧张一下，也是互联网企业对社会进步的重要贡献。"

关于工作：人来到世上是享受人生的，工作不要太较真

提问："企业家中的工作狂人有不少，如马化腾、史玉柱、任正非、李开复等都是把工作当生活的典型。而受他们影响，其所带领企业的风格也多少有些'工作狂'文化。您怎样看待工作？"

马云："我特讨厌认真工作的人。工作不要太认真，工作快乐就行。因为只有快乐让你创新，认真只会更多的KPI、更多的压力、更多的埋怨，真正把自己变成机器。我们不管多伟大、多勤奋、多痛苦，永远记住做一个实实在在、舒舒服服的人。我们到这个世界上不是来工作的，我们是来享受人生的，我们是来做人不是做事。如果一辈子都做事的话，忘了做人，将来一定会后悔。所以我觉得48岁以前我的工作是我的生活，48岁以后我希望我的生活是我的工作。不管事业多成功、多伟大、多了不起，记住我们到这个世界就是享受经历这个人生的体验。忙着做事一定会后悔。我不希望自己70、80岁还在公司开早会。"

关于困惑：不和比尔·盖茨比钱，要和他比快乐

提问："我是网商中的一员，也是做中小企业的，我怎么越做越痛苦？钱越挣越多，怎么觉得越来越没意思？"

马云："我几年前也有过这样的困惑，刚开始做企业的时候我觉得要挣钱，后来挣了越来越多的钱，而为挣钱越来越累。我觉得人的成长、人的培养是种莫大的乐趣，而因为这些人的成长，会让你的事业越来越开阔。工作是没有意义的，是你赋予了它意义。同样是在唐人街上造房子，有的人说我在堆砖头，有的人说外交部哪个窗户、哪个墙是我建的，特别骄傲，工作的意义是自己给的。开面店的人去和盖茨比谁有钱，你基本要虚脱掉。但在这个行业里，你发现其他人都死掉了，自己还活着，而且还在不断创新，又从里面找到乐趣，这样你会很快乐。在座所有的创业者，我的建议是你做任何事不要因为钱，而是因为热爱，因为激情，因为你真正好这口，那你一定会幸福。现在，企业越大，局限越大。我的局限也挺大的。每个人都有局限，关键是你怎么去看。心里无局限，心里是开阔的，你就会越做越舒服。我见了很多的网商，每次我走进他们的办公室，看到他们脸上的这种笑脸，这种满意，这种对客户的感受和体验，我羡慕得不得了，我很多年没有这样羡慕过谁了。其实到了一定程度，资产过了1000万，1个亿、2个亿是没有区别的，你有100个客户和有120个客户没有区别，你把这100个客户做得好好的，你把自己的工作做得很舒服，其实你会很快乐。不要和别人比别的，而是比谁的乐趣更多。我今天告诉你，我的乐趣、我的快乐一定比盖茨多一点，他钱比我多，我也不想和他比钱，所以要心里无界限！"

关于梦想：梦想是可以喝着酒说的

提问："我是来自宁波的，'开学第一课'我也看了，上面有一个小朋友说追求让梦想越来越近，我想问一下，你是怎样理解让梦想越来越近，怎样理解'追求'这两个字的？"

马云："那天去'开学第一课'，他们给我的题目叫'坚持梦想'。我在上面讲的时候下面没有一个人在听，也难怪，他们如果听得懂我讲的话，麻烦也大了。很多时候是很累的，比方说我对某个问题的看法，这个人不接受，你怎么说都没有用，很多事情如网络上的职责，我站出来说没有用。但那天，我还是选择给孩子们讲真话，梦想是没办法坚持的，梦想是天天在换的。我小时候有很多的梦想，当警察，当解放军，当售票员。要坚持这个梦想，今天连工作都没了，因为今天汽车都没有售票员了。梦想是可以换的，但是你不能没有梦想，我今天也有。你知道，一个孩子如果跟你讲历史的时候，这个孩子很了不起；一个老头跟你讲梦想的时候，你要对他非常敬畏。邓小平80几岁说在东南画一个角，那了不起了。梦想可以不断地变，但是不能没有梦想；理想要坚持，因为理想不是个人的，理想是团队的。所有到我们公司的人都有梦想，我讨厌那些没有理想的人到我们公司去。他们可以有各种各样的梦想：我要为自己买辆车，我要买栋房子，我要娶个好太太，我今年要生个女儿。非常好，但经理的职责是什么？把这些有梦想的人组织在一起达成共同的理想，并且坚持这个理想。改变自己，走向这个理想，因为你正一步一步贴近，即使有时候理想真的可能很远。理想是痛苦的，梦想是可以喝着酒说的；理想是集体的，是团队的，我们必须坚守，并且改变整个团队每个人的风格往前走，我觉得只有这样，我们每个人才会成长。"

关于抱怨：机会就在人们抱怨的地方

提问："阿里巴巴为什么发展到现在这种规模？如何跟未来竞争？看到今日激烈残酷的商业环境，我们都很沮丧，我们怎样可以做得更好？"

马云："在中国，有淘宝、百度和腾讯，我们已经没有机会了？我想在韩国情况相同，每个人都会觉得，已经有这家公司了，我们该如何生存？10年前，我对比尔·盖茨也有同样想法，因为微软，我没有机会了；因为Google，我没有机会了。不是，机遇无处不在。因为互联网，因为云计算，因为大数据，这个世界上每个人都有机会。机会在哪里？我告诉自己，也告诉年轻人，机会就在有人抱怨的地方。当有人抱怨时，机遇也同时存在。尤其是在中国，每个人都在表达不满。当每个人都在抱怨的时候，机会就出现了。处理不满，解决存在的问题，如果你跟其他人一样抱怨，你也没什么希望了。所以当我听到别人埋怨时，我就会觉得很兴奋，因为我看到了机会，会想我可以为这做些什么。生活不容易，但是我们要去面对它。所以，当你人不多的时候，你知道自己的定位；当你规模变大的时候，如果察觉到有什么不妥的地方，你需要提前6个月做变动。因为当你意识到要改变的时候，通常都迟了，就像泰坦尼克号撞冰山那样，会很快沉掉。我今天的问题就是时常问自己，如何才能让这艘船安全航行。因为这不容易，我们在中国创造了1200万个直接及间接的就业机会，如果我们这艘船沉了，1200万个就业机会就命悬一线。所以我们问自己，我们应该往哪走？10年前开始做淘宝时，我们去找了很多成功的人，他们说'不不不，忘记它吧，我永远不会网上购物，这太愚蠢了。'因为他们是成功的人，去改变成功的人是不可能的，但改变渴望成功的人却很有趣。所以，我们相信，中国的潜力不在广东、北京、上海，而是在中西部，这些地区的人想要致富，想成功，有上亿的农民希望能获得成功，若我们能帮助他们成功，我们便有了机遇。我相信，我们年轻的一代，肯定比我们更聪明。你们勤奋、有更好的机遇，怎会解决不了这些问题？今日，每个人都在抱怨水、空气、环境。停止抱怨吧，已经太迟了，这是给你们和我们这一代的机遇，这是我的感受。那些只会抱怨的人永远不会成功，那些在抱怨中抓紧机会的人才会在未来20年有机遇。"